대한민국 경제를 일궈낸 기술의 저력을 만나다

청소년을 위한
공학이야기

대한민국 경제를 일궈낸 기술의 저력을 만나다

청소년을 위한
공학
이야기

오원철·김형주 지음 | 송진욱 그림

한국경제신문

불가능을 가능으로, 꿈을 현실로
공학은 '힘'이 세다

표정과 목소리까지 분석해서 그 사람의 감정을 판단하고 심지어 대화까지 함께 할 수 있는 인공지능 로봇이 계발되더니, 이제 3D 프린터가 사람이 먹을 수 있는 음식까지 만들어낼 수 있게 되었다. 최근에는 3D 로봇을 이용해 달에 집을 짓는 프로젝트까지 진행하고 있다는 소식이 들린다. 무인 우주선을 타고 달에 도착한 3D 프린터 로봇이 지구에서 입력한 그대로 벽면을 찍어내는 것이 그 원리. 지구에서 가져간 흙이 아니라 달 표면의 흙으로 지구의 집을 만드는 것이다! 이 정도 발전 속도라면 앞으로 40년 이내에 우리는 밤하늘에 보이는 저 달에 집이나 별장을 짓고 살 수 있다고 한다.

이렇게 세상을 바꾸는 과학의 힘은 '공학'에서 나온다. 인류가 오래도록 꿈꿔왔던 것들, 인류의 삶을 발전시키는 과학은 상상의 날개를 타고 와서 공학자의 손으로 실현된다. 공학은 깊이 파고들

수록 그 매력에 반하지 않을 수 없는 분야다.

공학은 인류의 복지를 향상시켜 우리 모두의 삶을 더 행복하게 만들어왔다. 공학이 발전한 나라는 세계적으로도 높은 경쟁력을 갖추게 되고 그 사회도 늘 성장하고 발전한다. 공학은 과학 발전뿐만 아니라 사회 발전에도 이렇게 깊은 영향을 미친다. 오늘날 공학은 인간의 장기를 대신할 생체 재료까지 만들어, 신의 영역인 생명 연장의 꿈까지 이루어내는 중이다. 의식주와 일상 곳곳 어디든 공학의 손길이 닿지 않는 부분은 단연코 없다.

미다스의 손처럼 불가능을 가능으로, 꿈을 현실로 바꾸는 공학 덕분에 우리나라는 선진국의 반열에 설 수 있었다. 믿기지 않겠지만, 불과 60여 년 전만 해도 우리나라는 세계에서 가장 가난한 나라였다. 지배계급의 착취가 극심했던 조선 시대 말부터 한국전쟁 이후까지 가난은 우리에게 천형이었다. 너무 가난해 먹고살기조차 힘들다 보니 의욕도 패기도 없었고, 당연히 희망이나 미래를 떠올릴 마음의 여유도 있을 리가 없었다. 보리가 익을 때까지 먹을 것이 없어서 풀뿌리와 나무껍질까지 벗겨 먹어야 했던 시절이었다. 제대로 된 공장도 거의 없었다.

바로 그때 우리나라를 가난의 수렁에서 건진 주인공이 중화학공업이다. 정부가 의욕적으로 추진한 '경제개발 5개년 계획'과 새마을운동은 농사만 지을 줄 알았던 우리나라에 공업을 일으키고, 죽어 있던 경제를 살려냈다. 특히 석유화학과 종합 제철 분야가 국가 경쟁력을 갖출 수 있을 만큼 성장하면서 선진국과의 격차가 한껏 줄어들었다.

비료를 대량 생산할 수 있게 되면서 근본적인 식량문제를 해결하고, 원유에 함유된 탄화수소를 에틸렌이나 프로필렌으로 분해하는 공정을 개발하여 각종 플라스틱과 의약품을 생산할 수 있는 기반을 만든 것도 모두 위대한 공학의 업적이다. 오늘날 한국을 만든 뿌리에는 기술 발전의 선두에 선 공학자들이 있었고, 덕분에 우리나라는 국가 경쟁력 세계 10위로 급부상하는 기적을 이루어냈다.

이제는 과학기술이 앞선 나라가 선진국이다. 과거에는 전쟁에서 이겨 영토를 확장하거나 스포츠 강국일 때 선진국인 경우가 있었지만, 이제는 최첨단의 과학기술이 곧 국가의 힘이라는 사실을 누구도 인정하지 않을 수 없을 것이다. 국가 경쟁력을 높이는 과학기술의 발전이 최우선 과제인 지금, 우리나라에서 가장 시급한 문제는 이공계 대학을 육성하는 일이다.

조사에 의하면 한국인은 세계에서 가장 우수한 두뇌를 보유한 민족 중의 하나이다. 우리 조상이 창제한 한글은 세계적인 언어학자들이 세계 공통어로 쓰기에 손색없다고 주장할 만큼 과학적이며 합리적이고 독창적이다. 고도의 수학적 원리와 음양의 이치를 담은 전통 건축과 우수한 과학 발명품들도 빼놓을 수 없다.

특히 과학 경제와 한글 창제 등으로 길이 역사에 남을 세종대왕은, 신분을 가리지 않고 훌륭한 과학 공학자들을 적극적으로 후원

불가능을 가능으로, 꿈을 현실로
공학은 '힘' 이 세다

했다. 그 결과 물의 높낮이를 재어 강수량 측정이 가능한 측우기와, 천체 관측기구인 혼천의, 해시계, 물시계 등을 만들었고, 농업 기술과 약학에 관한 다양한 책들을 편찬하기도 했다.

이처럼 우리나라는 세계적으로 인정받는 우수한 두뇌와 과학 문화유산, 풍부한 우수 인력을 보유한 나라다. 날이 갈수록 국가 경제 환경이 어려워지고 있는 지금, 우리는 과학기술에 훌륭한 자질을 갖춘 인재들을 방치하지 말고 과학 공학계로 진출시킬 수 있는 대안을 서둘러 모색해야 한다. 과학기술의 힘이 곧 국가 경쟁력의 잣대인 지금, 새로운 경제를 재창조하고 국가 경제를 다시 활발히 일으켜 세울 동력인 과학기술이 필요하다.

한국을 선진국의 대열로 이끈 경제 발전의 바탕에는 기계공학과 전기전자공학, 건설공학, 화학공학, 재료공학이 자리한다. 이 책 《청소년을 위한 공학이야기》에서는 60여 년 전 한국의 비참했던 시대상에서부터 '한강의 기적'이라고 불리는 눈부신 경제성장을 이루기까지 공학이 어떤 영향을 미쳤고, 그 성과는 무엇인지에 대해 다루었다. 다양한 일화와 함께 그 내용을 구성하여 오늘날 이공계 진학을 꿈꾸고 과학의 힘을 살릴 많은 청소년들에게 도움이 되고자 했다. 부디 공학도를 꿈꾸는 우리 청소년들이 과학기술과 함께할 자신의 미래를 선택하는 데 있어 작은 도움이 될 수 있기를 고대한다.

차례

1부
세계에서 가장 가난했던 나라, 세계에서 가장 빨리 성장한 나라

2부

의식주 문제를 해결한
과학기술의 힘

3부

공학으로 이룬 경제성장,
잘사는 나라를 만든 주인공

4부

오늘의 한국을 만든
사람들

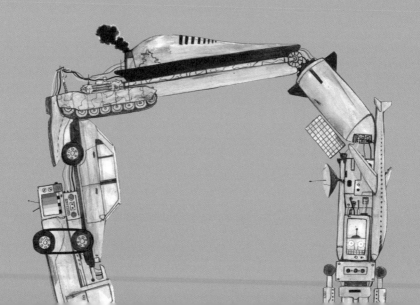

세계에서 가장 가난했던 나라,
세계에서 가장 빨리 성장한 나라

북한보다 가난했던,
미래가 없던 대한민국

2013년 1월 30일, 우리나라는 나로호 발사에 성공했다. 그동안 두 차례 발사에서 실패하고 여덟 번이나 발사를 연기했지만 포기하지 않고 꾸준히 도전한 결과, 세 번째 도전에서 무사히 300킬로미터의 우주 궤도에 도달한 것이다. 점차 발전한 우리의 우주개발 기술은 이제 2017년 시험 발사를 거쳐, 2020년이 되면 오랫동안 꿈꿔오던 달 탐사에 나설 계획이다.

물론 나로호 발사는 1957년 사상 최초로 인공위성 스푸트니크 1호를 발사해 지구궤도에 진입시킨 러시아, 1969년 아폴로 11호의 성공적인 달 착륙으로 인류 최초로 달에 발자국을 남긴 미국 등에 비하면 한참 늦은 것이다.

그러나 러시아와 미국이 우주선을 개발하던 당시의 우리나라는 하루하루 먹고살기도 힘든, 세계에서 가장 가난한 나라였다. 미국에서 남아도는 농산물을 원조받아 간신히 끼니를 잇던 그야말로 미래가 없던 나라였다. 그런 우리나라가 가난을 딛고 발전을 거듭한 결과, 자력으로 개발한 로켓을 우주로 쏘아 올릴 정도로 실력을 갖추게 된 것이다.

우리나라는 나로호 발사에 성공한 뒤, 발사체와 위성 개발 능력을 보유한 나라가 되었다. 물론 광대한 우주개발을 위해 앞으로도 가야 할 길이 멀긴 하지만, 우주개발에 나선 지 불과 20여 년 만에 거둔 자랑스러운 결실이었다.

해방 이후부터 지금까지 우리나라의 발전상을 보면 영화 〈옥토버 스카이〉가 떠오른다. 냉전이 지속되던 1957년, 미국의 탄광 마을 콜우드에서 일어난 실화를 토대로 만든 영화다.

그 마을에 사는 남자아이들의 미래는 태어날 때부터 정해져 있었다. 광부인 아버지를 따라 광부가 되는 것. 주인공 호머도 똑같은 미래를 당연하게 받아들여야 하는 상황이었다. 그러나 라디오에서 소련의 스푸트니크호가 우주 발사에 성공했다는 뉴스를 듣던 날, 호머는 자신의 미래에 대해 심각한 고민에 빠져든다. 마침내 호머는 자신의 꿈이 로켓을 만들어 우주로 발사하는 것임을 깨닫고, 친구들과 함께 로켓 만들기에 몰두한다.

그런 호머를 아버지는 결코 이해하지 못한다. 대를 이어 평생 광부로 살아온 아버지는 호머도 당연히 탄광으로 돌아와야 한다는 생각을 하고 있다. 그런 이유로 아버지와 호머는 사사건건 충

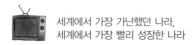
세계에서 가장 가난했던 나라,
세계에서 가장 빨리 성장한 나라

돌한다. 그러나 호머는 그에 굴하지 않고 과학 선생님과 친구들의 도움을 받아가며 온갖 시행착오를 거쳐 로켓을 완성한다. 마침내 호머는 마을 사람들 앞에서 로켓 발사에 성공한다. 그리고 아버지도 그런 호머를 어느새 마음속으로 응원하게 된다.

영화 속에서 가난을 숙명처럼 여기며 대물림해야 하는 호머의 상황은, 꿈도 희망도 없이 암울하기만 했던 우리나라 1950년대의 상황과 비슷하다. 호머가 주변의 반대에도 불구하고 꿈을 이루고자 끊임없이 노력하는 모습도 우리나라가 가난을 이겨내려고 동분서주했던 과정과 비슷하다. 호머가 여러 사람의 도움으로 로켓 발사에 성공했듯이, 우리나라의 경제 발전을 위해 헌신한 주인공들이 수없이 많다는 사실도 비슷하다.

세계에서 가장 가난했던 나라가 세계 경제 순위 10위권으로 도약하기까지, 우리나라 경제 발전에는 수많은 여성 근로자와 남성 근로자, 테크노크라트(기술관료, 과학과 기술이 빠른 속도로 발달하고 있는 현대사회에서는 과학자·기술자·경제학자 등 전문적 기술자가 사회변화에 중요한 역할을 하며, 그들의 정치적 중요성이 증대되고 있다)들의 노력이 있었다. 끈기와 오기, 도전 정신으로 무장한 국민성도 경제 발전의 숨은 공신이었다.

그 결과 현재 우리나라는 전자공학과 자동차 산업, 조선공학, 건설공학, 항공우주공학 분야에서 경쟁력을 높이며 꾸준히 발전해가고 있다.

우리나라가 지금의 발전을 이루기까지 걸린 시간은 불과 50년 이었다. 5, 60년 전 우리나라는 영화 〈옥토버 스카이〉에 등장하는 콜우드 마을처럼 미래가 없었다. 500년을 이어오던 조선은 기울어 가다 결국 망해버렸고, 호시탐탐 한반도를 노리던 일본에 지배당 하게 되었다. 식민지 시대 우리 민족은 일본에게 철저히 착취당했 고, 해방 뒤에는 아무것도 없는 빈털터리가 되었다. 한마디로 경제 빈국이 된 것이다.

그런 상황에서 우리나라는 해방된 지 3년 만인 1948년 5월 10일, 새로운 민주공화국 정부 수립을 위한 총선거를 실시했다. 바로 그날, 북한은 전기 요금 미납을 이유로 들며 5월 14일까지 그 문제를 해결 할 교섭 대표를 보내지 않으면, 전기를 끊어버릴 거라는 통첩을 보내 왔다. 그러나 남한은 교섭 대표를 보내는 대신 적당한 선에서 해결을 하려고 했다.

그러나 5월 14일 정오, 통보했던 대로 북한은 남한으로 보내 던 전기를 완전히 끊어버렸다. 송전이 중단되자 전기로 가동되던 공장 기계들과 거리를 달리던 전차가 약속이나 한 듯 멈춰버렸 다. 잘 돌아가던 영화 필름이 갑자기 끊어진 것처럼 남한 전역에 는 일순간에 정적이 찾아왔다. 공장과 거리에서 나는 소리들이 모두 죽어버린 도시는 '귀먹은 자들의 도시'를 방불케 했다. 북 한은 전기를 무기로 남한을 무기력 상태로 만들어버린 것이다.

1960년대까지만 해도 북한은 경제 면에서 남한보다 훨씬 앞서

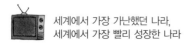
세계에서 가장 가난했던 나라,
세계에서 가장 빨리 성장한 나라

있었다. 1969년부터 남한의 경제가 앞서긴 했지만, 지하철이 먼저 개통된 도시도 서울이 아니라 평양이다. 당시 아시아에서 지하철이 있는 나라는 일본과 중국뿐이었다. 평양의 지하철은 1968년에 건설을 시작해 1973년에 개통되었는데, 지하철 내부는 러시아의 지하철을 그대로 답습해 대리석 돔형으로 만들어졌다. 대형 모자이크 벽화와 화려한 샹들리에로 마치 궁전처럼 화려하게 장식되어 관광객들이 필수 코스로 찾을 정도다. 게다가 전쟁이 나면 방공호로 사용할 수 있도록 설계되어 그 깊이만 해도 무려 100~150미터에 이른다.

훗날 우리나라에 비해 형편없이 뒤처지긴 했지만 비료 공장도 북한에서 먼저 세웠다. 당시 흥남 질소비료 공장은 세계적인 규모였고, 1961년 들어선 비날론 공장은 연 2만 톤 규모였다. 이는 북한이 과학적인 승리라 자부하는 눈부신 업적이었다.

비날론은 월북 과학자인 고 이승기 박사가 세계에서 두 번째로 개발했는데, 가볍고 질기다는 장점 덕분에 북한에서는 섬유로 실용화했다. 그러나 원료인 석회석과 석탄을 가공하는 데 엄청난 전기가 소비되면서 급기야 공장 가동을 멈추었다. 비날론보다 더 질 좋고 가공이 쉬운 섬유를 수입하는 편이 훨씬 더 이익이기 때문이다.

북한이 남한보다 잘살았던 이유는, 일본이 패망하면서 남기고 간 공장 시설 대부분이 북쪽에 있었기 때문이다. 해방과 더불어 일본에서 들어온 자본과 기술, 원료 등이 순식간에 사라진 남한은 북한에 의존했던 전기마저 공급이 끊기면서 모든 생산 기반이 한꺼번에 무너졌다. 마치 도미노처럼 공장의 기계들이 멈추면서 곧바로 폐업으로 이어졌고, 공장에서 일하던 기술자들과 딸린 식구들은 생계가 어려워졌다. 급기야 거리에는 실업자가 넘쳐나고 민심도 걷잡을 수 없이 피폐해지기 시작했다.

그런 상황에서 1950년 6월 25일, 한국전쟁까지 발발했다. 최악이었다. 주요한 생산 시설이 파괴되면서 극심한 생필품 부족 사태가 발생했다. 철도와 통신, 발전 시설이 초토화되면서 공업화의 기반은 거의 무너져버렸다. 폐허가 된 건물 잔해 속에서 겨우 살아남은 사람들은 죽지 못해 살아야 했다. 거리마다 부모를 잃고 헐벗은 아이들이 깡통을 들고 구걸했고, 사람들은 누더기가 된 옷

으로 한겨울 추위를 견뎌야 했다. 길거리에는 실업자와 거지가 넘쳐나고 빈곤에 지친 국민들의 표정에는 절망만이 안개처럼 내려앉았다. 당시 우리나라 1인당 국민소득은 겨우 67달러였다.

환경과 인구,
모든 조건이 최악

우리나라는 경제적으로만 가난한 나라가 아니었다. 지리적으로도 최악의 조건을 갖추고 있었다. 지도를 펼쳐놓고 보

면 한반도는 압록강을 사이에 두고는 중국 대륙과, 두만강을 사이에 두고는 러시아와 맞붙어 있다. 그리고 그 중심에 민족의 영산인 백두산이 있고 나머지 삼면은 모두 바다로 이루어져 있다. 이처럼 지리적 조건으로 봤을 때 우리나라는 반도 국가에 속한다.

그러나 사실상 우리나라는 반도 국가가 아니라 섬나라다. 영국이나 일본, 홍콩, 대만처럼 섬나라에 속하는 것이다. 대한민국이 섬나라인 이유는, 대륙으로 연결되는 유일한 통로, 즉 북쪽이 휴전선에 막혀 오갈 수 없기 때문이다. 따라서 우리나라는 휴전 이래 수십 년간, 반도 국가인데도 섬나라로 살아올 수밖에 없었다. 지금은 비행기로 하늘길을 이용하지만, 당시 우리나라는 바다를 통하지 않고서는 외국으로 진출하거나 교역하기가 불가능했다.

만일 우리나라가 둘로 갈라지지 않았더라면 경제는 더 일찌감치 발전했을 것이다. 대륙으로부터 자원과 인구가 더 쉽게 들어오고, 바다를 통해 더 쉽게 진출했다면 아마도 경제 대국이 되었을지도 모른다.

실제로 황하 북쪽의 아시아 대륙이 고려의 영토이던 시절, 무역을 장려했던 고려는 육로와 해로 모두를 이용한 덕분에 국제무역이 활발했다. 바닷길은 물론 대륙으로 향하는 길이 막힘없던 고려는 중국 송나라부터 거란, 여진은 물론 일본과 서남아시아까지 무역 활로를 넓힐 수 있었다. 당시는 직접적인 교류는 없었지만 송나라 상인이 중계무역을 했기 때문에 아라비아와도 간접적으로 교류

했다. 아라비아 상인들은 세 차례에 걸쳐 고려 땅에 들어와 수은과 향료 등을 팔았고, 그들 덕분에 고려는 '코레아'라는 이름으로 전 세계에 알려지게 되었다.

이처럼 대륙 국가와 섬나라는 국가 발전 전략도 다를 수밖에 없다. 대륙 국가는 자원과 인구, 형성된 시장만으로도 자체 생존이 가능하다. 부족한 건 국경에 인접한 다른 나라들과의 무역을 통해서 해결하면 된다. 그러나 섬나라는 부족한 물자를 모두 바닷길을 통해 들여와야 한다. 잉여 생산된 물자를 수출할 때도 바닷길을 이용해야 한다. 이처럼 섬나라는 해양 세력으로 성장하지 않고서는 국가 운영 자체가 불가능하다.

한편, 우리나라는 영토가 좁다는 약점도 있다. 한반도 전체 면적은 약 22만 제곱킬로미터인데 이 중 9만 9,500제곱킬로미터, 약 45퍼센트만이 대한민국 영토인 셈이다. 미국의 알래스카 주가 약 170만 제곱킬로미터인데, 대한민국 국토는 그 17분의 1 정도밖에 안 되는 지극히 좁은 면적이다.

더구나 그 국토마저 3분의 1 가까이 산지로 이루어져 있다. 그렇다고 우리나라가 스위스처럼 자연환경을 이용해 경제를 발전시킬 능력이 있는 것도 아니다. 실제로 산악 국가들 대부분이 산악 지형을 이용하여 목축업을 하거나 관광 수입을 올린다. 임업이나 임업을 연계한 가구 산업, 정밀기계공업으로 수입을 올리는 나라도 있다.

그러나 우리나라의 산들은 개발이 가능한 산악 지형이 아니다.

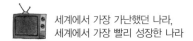

험한 지형을 가진 다른 산악 국가들과 달리 대부분의 산들이 1,000미터 이하로 해발고도가 낮다는 장점에도 불구하고 실제로 사용할 수 있는 땅은 매우 적다.

사람이 활용할 수 있는 땅을 가주지可住地, 혹은 가용 면적이라고도 한다. 우리나라는 산악 지형인 동시에 가주지의 면적이 좁다는 최악의 조건을 가지고 있다. 개발이 가능한 땅은 물론 활용할 자원도 별로 없고, 인구밀도는 방글라데시와 태국에 이어 세계 3위를 기록할 만큼 높았다.

우리나라의 가주지 인구밀도는 1제곱킬로미터당 1,020명으로 세계에서 가장 조밀한 수준이다. 참고로 스위스는 산악 국가이지만 인구는 600만 명이고 가주지는 전 국토의 50퍼센트 이상이다. 그만큼 한 사람이 활용할 수 있는 땅이 넉넉하다. 네덜란드도 우리보다 국토 면적이 좁지만 인구 1,400만 명으로 가주지가 훨씬 넓다. 이탈리아나 스웨덴도 마찬가지다. 그만큼 발전 가능성이 높고 발전 기회가 많다는 뜻이다.

가주지가 1인당 193평뿐이라는 사실은 우리나라가 일반적인 개념의 국가가 아닌 도시 국가라는 뜻이기도 하다. 대표적인 도시 국가에 속하는 싱가포르와 홍콩은 좁은 국토와 가주지라는 특성에 맞춰 도시 국가 발전 전략을 세운 나라로 유명하다. 실제로 그들 국가는 중계무역과 금융업, 기계 계통 산업을 통해 발전했다. 높은 인구밀도와 좁은 가주지 등의 한계를 극복하기 위한 방안이 대성공을 거둔 것이다.

그렇다면 섬나라이면서 산악 국가이고 도시 국가인 우리나라는 대체 어떻게 살아가야 할까? 땅은 좁은데 인구는 많고 개발이 가능한 땅도 없는, 그야말로 최악의 조건을 모두 갖춘 나라가 살길은 어떻게 찾아야 할까?

더구나 우리나라는 대표 산업이라는 농업마저 후진성을 면치 못하고 정부는 외국의 원조에 의해 예산을 편성하는 형편이었다. 그런 상태에서 장기적인 국가 발전 전략을 세울 수도 없었고, 기간산업인 농업을 발전시킬 대책이나 방안도 없었다.

외국의 원조 없이는
살 수 없던 나라

50여 년 전만 해도 우리나라는 농업 국가라고 자부하고 있었다. 인구의 절대다수가 농업에 종사했던 당시, 도시에 거주하는 인구는 40퍼센트에 불과했다. 현재 90퍼센트가 넘는 인구가 도시에 몰려 있다는 사실을 감안하면, 당시에는 인구 대다수가 농촌에 거주했던 셈이다.

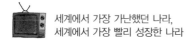

그러나 우리나라의 농업 수준은 형편없이 낮았다. 동남아시아의 대표적인 농업 국가인 태국과 베트남에 비교했을 때, 농업이 차지하는 비율은 높았지만 국민 모두가 소비할 정도의 수확량을 기대할 수 없었다. 태국과 베트남은 남은 식량을 외국으로 수출하는데 비해 우리나라는 생산량도 극히 적은 데다가 1인당 경작 면적이 너무 좁았다. 그러다 보니 대표 산업인 농업은 자연히 후진성을 면치 못했다.

더구나 우리나라는 광복 이후 이어진 분단과 전쟁으로 생산 기반이 매우 열악한 상태였다. 국민들은 외국의 원조에만 의존한 채 빈곤의 늪에서 빠져나오지 못하고, 가난을 하늘이 내린 형벌로만 생각했다. 비축했던 식량이 봄이 오기도 전에 떨어지면 들로 산으로 뛰쳐나가 나물을 캐고 나무껍질을 벗겨 죽을 끓여 먹는 사람이 부지기수였다. 이른바 '보릿고개'를 넘기지 못해 굶어 죽는 사람이 많았고, 그들에 대한 기사가 종종 신문 한 면을 차지하곤 했다.

정부에서는 식량 부족을 해결하기 위해 혼식 장려 운동을 펼치기도 했다. 강제로 일주일에 하루를 '무미일無米日'로 정해 쌀 대신 보리밥을 먹도록 권장한 것도 그즈음이었다. 정부는 매주 수요일과 토요일을 무미일로 정했다. 무미일이 되면 음식점들은 보리나 밀가루를 25퍼센트 이상 섞어서 음식을 만들어야 했고, 쌀로 만든 음식을 팔지 못했다.

각 학교에서는 학생들의 도시락 검사에도 신경을 곤두세웠다. 학생들에게 보리쌀과 쌀을 섞은 혼식을 싸 오라고 지시했고, 지키지 못한 학생들에게 체벌도 가했다. 보리밥을 먹기 싫은 학생들은 도시락 아래쪽을 쌀밥으로 채우고 그 위를 보리밥으로 살짝 덮어 위장하기도 했다. 그리고 옥수수로 만든 빵이 학교 급식으로 나왔는데, 그나마 1인당 한 개씩 돌아가지도 않아서 빵 한 개를 두 명이 나누어 먹는 경우도 많았다.

우리나라 사람들이 밀가루를 이용해 수제비와 칼국수를 만들어 먹게 된 것도 그때부터였다. 미국에서 값싼 밀가루가 들어오면서 사람들은 밥보다 수제비와 칼국수를 더 많이 먹었다. 특히 가난한 집에서는 쌀을 살 돈이 없어서 값싼 밀가루를 사다가 날마다 수제비만 끓여 먹기도 했다. 지금은 특별한 음식이 되어버린 수제비와 칼국수는 어려웠던 시절 싼값으로 굶주림을 면하고자 했던 사람들이 질리도록 만들어 먹던 음식이다.

1950년대 우리나라 경제는 전적으로 미국에 의존해야 했다. 당시 미국은 주로 의복이나 의료품, 농업 용품 등 소비재를 지원했다. 전쟁이 끝난 후에는 전쟁 피해 복구와 생산 시설을 회복하기 위한 물품을 원조했고, 생활필수품과 밀, 원면 면화, 원당 설탕 등 소비재 산업의 원료를 보내왔다. 미국이 원조해준 물품들은 전쟁 이후 우리나라가 복구 사업에 필요한 자금을 마련하고 식량 부족을 해결하는 데 큰 도움이 되었다.

우리나라가 잉여농산물 도입 협정을 체결한 때는 1955년이다. 미국은 1956년부터 잉여농산물을 원조해주었는데, 처음에는 무상이었지만 미국의 국제수지가 악화되면서 1957년부터 유상으로 바뀌었다.

우리나라가 미국으로부터 수입한 품목은 밀, 보리, 원당 등 식료품에서부터 원면, 양모, 목재, 생고무 등 비식용 원료와 석유, 비료, 의약품, 염료, 합성수지 등 화학제품과 시멘트, 철판 등 금속제품과 지류, 직물사 등 원료 및 제품과 수송기계, 섬유기계, 전기기계, 통신기계와 부속품 등이었다. 수입품은 모두가 국민들의 의식주와 직결된 것들이었다. 한 품목이라도 수입에서 제외할 수는 없었다. 하나라도 없으면 국민들의 실생활이 마비될 정도로 문제가 심각했기 때문이다.

미국의 원조 물자가 들어오면서 우리나라는 원조 물자를 가공하는 '삼백 산업'이 발달했다. 원조를 통해 수입한 통밀과 원면, 원당 등을 가공하면 모두 흰색이어서 제분, 면방직, 제당 공업 등을 삼백 산업三白産業이라 한 것이다. 삼백 산업은 원료의 90퍼센트 이상 원조 물품이나 수입품에 의존해야 했지만 전쟁 직후 무너진 우리 경제를 일으키는 데 상당한 공헌을 했다. 특히 삼성이 설탕의 원료를 가공하는 공장을 세워 생산하기 시작한 설탕은 날개 돋친 듯 팔려나갔다. 설탕은 설이나 추석 명절 때 선물용으로 가장 인기가 좋은 품목이었다.

　당시 원조 자금으로 수입한 상품들로 막대한 판매 수익금이 발생했다. 국민들이 원화를 지불해서 수입 물품들을 구매한 덕분이었다. 수익금의 일부는 주한 미국 기관에서 썼고, 대부분은 우리 정부의 국고로 귀속되었다. '대충자금'으로 부르던 이 돈은 정부 예산 중 39.2퍼센트를 차지했고 주로 쓰인 곳은 국방부였다. 곧 국방부가 정부 예산 4.9퍼센트, 대충자금 95.1퍼센트로 예산을 편성했다는 뜻이다. 그러나 대충자금은 점점 감소하면서 1970년 완전히 마감된다. 그처럼 1960년대 우리나라는 미국의 원조 없이는 국가 경영 자체가 불가능했다.

　당시 우리나라는 토고, 우간다, 방글라데시, 파키스탄 등과 함께 세계에서 가장 못사는 나라였다. 우리나라가 오늘날 눈부신 경제 발전을 이룬 이유는 경제개발 5개년 계획을 세우면서 수출에 중점을 두었기 때문이다. 지리적 여건과 열악한 환경에서 굶주림에 시달리는 국민들을 구하고, 위기에 빠진 국가를 일으켜 세우기 위해 수출이라는 특단의 조치가 필요했던 것이다.

세계에서 가장 가난했던 나라,
세계에서 가장 빨리 성장한 나라

덕분에 우리나라
는 대물림처럼 되풀이되
던 가난의 대를 끊고 더는 외
국의 원조에 의지하지 않게
되었다. 그러나 우리나라와
함께 지긋지긋한 가난의
대열에 섰던 다른 나라들
은 지금도 유엔과 미국
의 원조로 살아가고 있
다. 우리나라도 여러 구
호단체를 통해 여전히
굶주림에 고통 받고
있는 나라들을 적극
적으로 후원하며
돕고 있다.

고맙소...

1부

가난과의 전쟁, '잘살아보세!'

한국전쟁으로 인해 우리나라에서는 많은 것이 파괴되고 수백만 명이 목숨을 잃었다. 전쟁이 끝나자 그렇잖아도 찢어지게 가난한 나라에 남은 거라곤 오직 절망뿐이었다. 살아남은 사람들은 잿더미가 된 폐허 속에서 전쟁의 공포와 굶주림에 지쳐만 갔다.

먹을 것이 부족하던 당시에는 미래를 위한 투자는 감히 꿈도 꾸지 못했다. 아이들을 위해 반드시 필요한 교육 시설은 물론 도로와 공장을 지을 돈도 없었다. 당장 먹을 것도 해결하지 못하는 나라에서 미래를 준비할 수 없는 건 어쩌면 당연했다. 더 심각한 문제는 당장 국가를 운영할 자금조차 없다는 사실이었다.

그런 우리나라를 일본은 강하게 꼬집었다. 일본은 우리나라가 인구과잉과 자원 부족, 공업의 미발달, 군비 압력, 졸렬 정치, 민족자본의 약체, 행정 능력의 결여 등으로 인해 스스로 경제성장을 이룰 수 없는, 매우 절망적이고 가망 없는 나라라고 비꼬았다. 더 심각한 건 우리나라가 전쟁 위험 국가로 분류되어 외자도입조차 불가능했다는 사실이다.

세계에서 가장 가난했던 나라,
세계에서 가장 빨리 성장한 나라

당시 우리나라는 3,283만 달러를 수출하고 3억 4,353만 달러를 수입하는 형편이었다. 가정경제도 소득보다 지출이 많으면 흔들리듯 국가 경제도 마찬가지다. 수입이 수출보다 증가하면서 국가 경제는 점점 더 힘들어졌다. 이때 우리나라는 가난한 나라에서 벗어나기 위해 경제개발 5개년 계획을 세우고 차근차근 추진해가고 있었다.

그런 과정에서 정부가 보유하고 있던 달러를 조금씩 쓰기 시작했고, 국내 공장을 가동하기 위해 원자재를 수입했다. 국민들의 의식주에 필수적인 물건들도 수입해야만 했다. 외국으로부터 단 한 푼의 차관도 얻을 수 없는 상황에서 정부가 보유한 외화는 줄어들어, 총보유고가 1억 달러도 안 되는 지경까지 이르렀다.

급기야 국가는 파산 위기에 이르렀다. 우리나라의 첫 번째 외환 위기였다. 그 위기를 극복하기 위한 전략으로 내세운 것이 '수출'이다. 천연자원이 부족한 사실상 섬나라이며, 땅은 좁은데 인구는 많은 우리나라로서는 값싼 노동력을 활용해 공업 제품을 생산하여 수출하는 것이 최선이었다.

때마침, 암울하기만 했던 우리 경제에 한 줄기 서광이 비쳤다. 독일연방공화국의 초청으로 박정희 대통령이 서독을 공식 방문한 것이다. 정부의 목적은 서독 방문을 기회로 차관을 받는 것이었다. 대통령은 가는 곳마다 연설을 했다. 겉으로는 자유와 평화를 강조하며 연설을 했지만, 속으로는 '제발 우리나라를 도와달라!'는 구원의 외침이었다. 같은 분단의 아픔을 겪고 있던 독일은 그런 외침을 알아들었다.

우리나라는 독일로부터 1,350만 달러의 재정 차관과 2,625만 달러의 상업 차관을 약속받았다. 모처럼 잘살아보겠다고 경제개발 5개년 계획을 세우고 막 시작하려는 단계에서 그야말로 천군만마를 얻은 셈이었다. 일본은 물론 미국조차 돈을 빌려주지 않겠다고 나선 마당에 독일로부터 선뜻 돈을 빌려주겠다는 약속을 받아낸 것이다.

그러나 조건이 있었다. 대신 한국인 광부 5,000명과 간호사 2,000명을 파견하는 것. 이른바 인력수출이 시작된 것이다.

1963년 12월 21일, 한국인 광부 367명이 독일로 떠났다. 영화 〈국제시장〉에도 그 상황이 묘사되어 있지만, 당시 독일 광부로 갔던 사람들은 지열 40도가 넘는 후끈거리는 지하 1,000미터 갱도에서 온몸이 탄가루로 뒤범벅된 채 기계처럼 일했다. 갱도의 어디에도 안전지대는 없었다. 생각지 못한 불의의 사고로 수많은 사람들이 죽어나가거나 다치는 곳이 바로 갱이었다. 파독 광부들은 채굴 작업 도중 언제 무너질지 모르는 갱도에서 극도의 불안감에 떨기도 하고, 석탄가루 묻은 샌드위치로 끼니를 대신하며 하루에도 몇 번씩 땀에 젖은 속옷을 짜 입었다. 유일한 위안은 고국의 가족이었다. 광부들은 힘들 때마다 고국에 있는 가족의 얼굴을 떠올리며 눈물을 삼켰다. 그렇게 1978년까지 독일로 파견된 광부는 7,800명에 이르렀다.

간호사 파견은 1962년부터 시작해서 1966년 본격화되었는데, 1976년까지 약 1만 명이 넘는 간호사들이 서독으로 건너갔다. 한국인 간호사들은 언어 소통이 어렵다는 이유로 병원의 청소나 빨래, 시체 닦는 일을 도맡아 했다.

그들도 광부들과 마찬가지로 고국에 있는 가족들이 굶지 않고 공부할 수 있다는 생각에 아무리 힘들어도 묵묵히 참아냈다. 당시 한국 광부와 간호사들은 우리 산업 혁명의 투사였다. 당시 그들이 국내로 송금한 돈은 연간 약 5,000만 달러였다.

1965년부터 베트남에 파병한 우리 군인들과 노무자들도 1960년 대 후반부터 1970년대 초반까지 우리나라 경제 발전에 큰 몫을 담당했다. 1964년 미국은 베트남 공산화를 막는다는 명분 아래 반공 사상이 그 어느 나라보다 투철한 우리나라에 지원을 요청해왔다. 우리나라는 베트남 파병이 가져올 경제 효과를 생각하고 1968년까지 15,571명의 인력과 79개의 업체를 파견했다.

2차 세계대전이 끝난 후 패전국 일본이 한국전쟁을 경제 회생의 발판으로 삼은 것처럼, 우리나라는 베트남전쟁을 통해 세계 진출을 모색했다. 병력을 파병한 데 이어 국내 기업들이 베트남으로 진출하면서 본격적으로 해외 진출의 물꼬가 트이기 시작했고, 베트남전쟁을 통해 벌어들인 외화는 국가 산업 발전을 위한 밑천으로 요긴하게 쓰였다.

베트남전쟁에서 얻은 무역 외 특수 수입은 1966년 6,049만 달러로 시작해서 1970년까지 5년간 6억 5,000만 달러에 달했다. 특히 1968년 수입은 최고치를 넘어섰고 이른바 월남 특수는 우리나라 총수출의 36퍼센트를 차지했다.

인력수출의 성과는 이처럼 엄청났다. 해외로 파견된 우리 근로자들은 힘든 일도 마다하지 않고 철저히 맡은 바 책임을 완수했다. 모두가 위기에 처한 나라 경제를 구해야 한다는 일념으로 뭉치다 보니 초인적인 힘이 발휘된 것이다. 우리나라는 해외로 파견한 인력이 벌어들인 돈으로 도로를 건설하고, 공장을 세우고, 다리를 놓았다.

경제 부흥을 향한 의지가 다시 살아나면서 국민들의 의식구조도 달라졌다. 희망이 보이기 시작하자 국민들의 가슴에는 '잘살아보자'는 열망이 불꽃처럼 일었다. 쓰러진 국가 경제를 살리겠다는 일념으로 국민 모두가 허리띠를 졸라매고 새벽부터 늦은 밤까지 열심히 일했다. 그야말로 전 국민이 경제 전사가 되어 가난과의 전쟁에 돌입한 것이다. "잘살아보세!"는 이때 우리 국민이 한목소리로 외쳤던 구호다.

전 국민이 합심한 결과는 눈부셨다. 1953년 겨우 67달러에서 시작한 국민소득이 40년 만인 1995년 1만 달러를 기록했다. 국민소득이 거의 200배나 늘어난 것이다. 인류 역사상 두 번 다시없을 기적 같은 결과에 전 세계는 놀라움을 금치 못했다. 일본과 독일은 150년 가까이 걸린 경제 부흥을 우리나라는 단기간 내 이루어낸 것이다.

아프리카의 말라위는 세계에서 가장 가난한 나라로 알려져 있다 (2015년 기준). 주로 농업 중심으로 이루어지는 말라위의 경제는 해외 원조에 의존하고 있다. 평균수명은 겨우 39세 정도이며 유아사망률이 특히 높다. 그런데도 말라위 사람들은 유난히 정이 많고 순박하다. 말라위의 국민성은 2015년 5월 네팔 지진 피해 때 고스란히 나타났다. 말라위의 한 장애인 센터에서 책갈피와 가방 등을 만드는 장애인 80여 명이 월급의 일부를 떼어 미화 500달러를 성금으로 보낸 것이다. 가난한 나라, 그곳에서도 더 소외되고 가난한 계층인 장애인들이 뜻을 모아 지진 피해로 고통스러워하는 네팔을 기꺼이 도운 것이다.

사실 지금의 말라위와 1950년대 우리나라는 인정하기 싫을 만큼 많이 닮았다. 넉넉지 않은 살림에 남이 어려움에 처하면 외면하지 못하는 인정까지도 비슷하다.

우리나라 사람들이 얼마나 인정이 많은지에 대해서는 2011년 3월, 일본의 동북부가 쓰나미로 초토화되었을 때 여실히 드러났다. 당시 TV에서는 삶의 터전이던 마을이 흔적도 없이 사라진 광경을 망연자실한 채 바라보는 사람들과 식량을 배급받기 위해 길게 줄지어 선 사람들의 모습이 실시간 방영되었다. 그걸 본 한국인들의 마음에 하나같이 동정의 물결이 일었다. 급기야 여기저기에서 십시일반으로 성금을 모아 일본을 돕겠다고 나섰다. 일본으로부터 아직까지 진정성 어린 사과 한마디 받아보지 못한 위안부 할머니들까지 '죄는 밉지만 사람은 미워하지 않는다'며 성금을 모았다. 이것이 한국인의 근성이다.

세계에서 가장 가난했던 나라,
세계에서 가장 빨리 성장한 나라

한국인의 근성에는 인정이 많다는 점 외에도 근면하고, 부지런하며, 오기와 집념과 끈기로 무장된 정신력도 포함된다. 뿐만 아니다. 한국인은 무엇이든지 한번 시작하면 끝장을 보고야 만다. 무엇이든 한번 시작하면 목적을 달성하고야 마는 한국인의 근성은 급기야 무너진 국가 경제를 일으켜 세우는 원동력이 되었다.

수출드라이브 정책과 수출 1억 달러 달성

천연자원이 부족하고 지리적 여건과 환경이 열악한 우리나라가 수출에서 살길을 찾을 당시, 많은 사람들이 정부의 '수출 장려 정책'을 무모하다고 생각했다. 우리 능력으로 과연 해외 진출을 할 수 있을 것인지, 수출할 상품이 있기나 한지 의구심을 품었다.

그도 그럴 것이 달러가 부족하던 1950년대에도 정부는 수출을 장려했었다. 우리의 수출품은 바다에서 채취한 김과 수산물, 중석이 고작이었다. 수출할 만큼 경쟁력 있는 상품도 없었고 상품을 생산할 수 있는 공장도 없었다. 낙후된 국가가 여러모로 경쟁력이 없는 건 당연한 이치였다. 당시 우리나라에서 생산되는 제품도 별로 없었고 생산된 제품이라고 해봐야 품질도 낮았다. 생산성을 높이려면 숙련된 기술과 성능 좋은 기계로 최고의 상품을 만들어내야 하는데, 기계를 설치할 자본도 없었고 숙련된 기술도 없었다.

그래서 생각해낸 방법이 가격대가 낮은 제품을 빠른 시간에 대량으로, 싼값에 만들어내는 것이었다. 그러나 우리나라 노동자들의 임금은 경쟁국에 비해 지나치게 높았다. 낮은 생산성에 비해 임금이 높다 보니 그만큼 수출 경쟁에서 뒤처졌다.

한편, 이웃나라 일본은 전쟁 이후 경공업을 중심으로 빠르게 발전해갔다. 그 결과 일본은 1960년대에 이르러 서서히 경제 강국으로서의 면모를 갖추기 시작했다. 일본은 수출을 통해 축적한 외화로 최신 설비를 갖추고 공정도 개선했다. 더구나 숙련된 인력까지 보유한 일본은 1964년 당시 시간당 노임이 56센트로 높은 편이었지만, 1인당 생산성이 높아서 충분히 감당할 수 있었다. 높은 임금 때문에 더러 경쟁력이 떨어지는 상품은 주변국에 위탁해 가공하는 방법을 택했다.

일본의 대표적인 위탁 가공국은 대만이었다. 대만은 우리나라와 같은 개발도상국인 경쟁 상대였지만 우리와는 조건이 전혀 달랐다. 쌀 재배에 알맞은 기후 덕분에 식량은 스스로 해결하는 상태였고, 같은 분단국이면서도 우리나라처럼 전쟁을 겪지 않아서 산업 시설이 온전히 보존되어 있었다. 무엇보다 대만은 시간당 노임

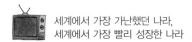

이 19센트였다. 도저히 우리나라가 경쟁 상대로 나설 수 없는 입장이었다.

1964년 5월, 정부는 결단을 내렸다. 값싼 노동력에 국가의 운명을 걸기로 한 정부가 환율 인상을 감행한 것이다. 이전까지 1달러에 130원이던 환율을 250원으로 약 2배나 올렸다. 환율 인상으로 인해 우리나라는 세계 통화 주축국인 미국은 물론 주변 국가와의 마찰을 감수해야만 했다. 여차하면 무역 제재까지 감수해야 하는 다소 위험한 조치였다. 그러나 값싼 노동력을 이용한 수출이 아니면 절대 빈곤의 상황에서 영원히 벗어나지 못할 거라고 판단한 정부는 국제 마찰을 감수하면서 기어이 환율을 인상했다.

환율을 인상하자 그 효과는 바로 나타났다. 우리나라의 시간당 노임이 10센트 안팎이 되자 싼 임금 덕분에 대만, 필리핀, 태국보다 경쟁에서 우월해졌다. 시간당 10센트는 하루 종일 일해도 1달러가 채 안 되는 아주 저렴한 노임이었다. 그러자 일본을 비롯한 선진국에서 위탁 가공 의뢰가 늘었다. 생산 설비나 고도의 기술이 필요없는 단순 가공 생산품의 경쟁력도 높아졌다. 비로소 수출 경쟁력을 갖추게 된 것이다. 우리나라는 환율 인상 덕분에 값싼 노동력을 확보할 수 있었고 그때부터 '수출 체제'에 돌입하게 된 셈이다.

국가의 모든 정책이 수출 증대에 맞춰지면서 상공부와 수출 유관 단체, 수출품 생산 업체는 산업 전쟁터로 변했다. 해마다 수출 목표를 정하고, 경제 관련 부처뿐만 아니라 정부의 모든 부서가 수출 지원에 총력을 기울였다. 심지어 대통령이 직접 나서서 수출 추이를 체크했다. 수출드라이브 정책이 본격적으로 가동된 것이다.

1963년, 수출드라이브(국내경제의 불황으로 내수부진에 따른 판매위축을 막기 위해 수출확대 쪽으로 경제정책을 전환하는 것) 정책을 추진하기 전에만 해도 우리나라 총 수출액은 약 8,600만 달러였다. 월 평균 700만 달러가 조금 넘는 금액이었다. 그런데 수출드라이브 정책을 추진하면서 정부는 1964년 수출 목표를 1억 2,000만 달러로 올렸다. 1963년보다 약 40퍼센트 이상 증가된 액수였다. 현실적으로 불가능한 목표라고 생각한 업계는 반발했다. 그러나 정부의 방침이 워낙 강경했기에 그 목표를 받아들일 수밖에 없었다. 불가능하긴 했지만 일단 정부 시책을 따르기로 한 것이다.

정부는 우리나라 모든 공업을 수출 체제로 전환하기 위해 총력을 기울였다. 공업 구조의 수출 체제 전환은 당시 우리나라의 모든 생산 시설을 '수출할 상품을 생산하는 공장, 수출 상품을 생산하는 공장을 지원하는 공장'으로 바꾼다는 것이다. 당시 문서에는 그 내용이 잘 드러나 있다.

1. 수출 체제로 전환한다는 것은, 수출 업체를 도와 돈을 벌게 해주고, 명예도 얻게 해주는 공업 행정을 펴나간다는 뜻이기도 하다. 수출을 더

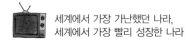

많이 하는 업체일수록, 새로운 수출 상품을 개발하는 업체일수록 더 많은 혜택이 가는 것은 물론이다.

2. 수출에 애로 사항이 있으면 공무원이 솔선해서 시정해준다. 필요하다면 법을 개정하기도 하고 새로운 행정 조치를 취하기도 한다. 예컨대 기능자가 필요하다면 국가 예산으로 양성한다.

3. 수출 업체에는 시중금리보다 싼 금리로 융자를 해준다. 외자도입도 우선적으로 해준다. 수출 공단을 조성해서 장기 상환 조건으로 저리 융자를 해 매각한다.

4. 공업국 직원에게 수출 상품마다, 수출 공장마다 담당관을 지명했다. 전국의 수출 동향을 세밀하게 파악하기 위해서이고, 수출 목표 달성을 위해서다.

5. 업종별로, 수출업체 별로 7개년 수출 계획(1965~1971)을 작성해 추진한다.

문서에서 확인할 수 있듯 수출 목표를 달성하기 위해 법 개정은 물론, 행정적인 지원을 아끼지 않기로 했다. 또한 공무원이 솔선해 수출을 독려하고 수출 동향을 파악하도록 하고 자금 지원도 수출 업체에 초점을 맞추었다. 말 그대로 전 국가적인 수출 지원이었다.

정부는 그에 그치지 않고 대통령과 관계 부처 장관, 수출 업체 대표자들이 참가한 '수출 확대 회의'를 조직했다. 수출 업체 대표들에게도 수출 목표 달성 책임을 강조하기 위한 회의였다. 매달 열리는 회의에서 결정된 사안은 모든 참석자가 책임을 갖고 추진했다. 수출 확대 회의에서는 개인이나 소속 단체의 이익이나 주장을 내세우지 않았다. 오직 수출과 우리나라의 경제 발전만을 생각하는 회의였다.

수출에 대해 국민적 관심을 불러일으키는 것도 중요했다. 국민의 관심이 높아야 수출 업체도 사명감을 안고 수출에 총력을 기울일 수 있고, 국민들 또한 늘어나는 수출에 희망을 품을 수 있기 때문이었다. 급기야 정부는 수출의 날을 정하고 수출 목표를 달성한 기업과 공무원을 포상하는 제도를 만들었다.

'수출 목표 1억 2,000만 달러.' 당시 우리나라의 능력으로는 도저히 불가능한 목표였다.

그러나 기적이 일어났다. 1964년 11월 30일, 우리나라 수출 총액이 드디어 1억 달러를 넘긴 것이다. 정부는 그날을 기념하여 매년 11월 30일을 '수출의 날'로 정했다. 그리고 수출에 기여한 우수 업체를 선정해 특별 표창했다.

수출 1억 달러를 넘긴 그해, 국민 모두는 부자가 된 듯 기뻐했다. 그렇다고 당장 국민들의 생활고가 해결된 것은 아니었다. 그러나 우리도 할 수 있다는 자신감을 갖기에는 충분한 결과였다. 그때부터 총력 수출은 더는 정부만의 구호가 아니었다. 전 국민이 수출 증가에 관심을 보였고 수출 목표를 달성하기 위해 스스로 손발을 걷고 나섰다.

팔 수 있는 것이라면 모두 다, 머리카락부터 코리아 밍크까지

우리나라가 처음으로 수출을 하게 된 1960년 초, 주요 수출 품은 자연 광물이나 수산물이었다. 1961년의 최대 수출품은 철광석이었고, 10대 수출품 중에는 중석과 무연탄, 흑연을 포함한 광물이 4가지 포함됐다. 그 외에도 돼지 털, 다람쥐, 갯지렁이를 비롯해 메뚜기까지, 우리나라에 살고 있는 동식물은 거의 수출 품목에 포함됐다.

그러나 우리나라의 모든 공업을 수출 체계로 전환하고부터 단순했던 수출품의 수준이 달라졌다. 1965년부터 1971년까지 봉제품 수출 7개년 계획을 세운 결과 와이셔츠와 아동복, 원피스 등의 봉제품 수출액이 1963년 8만 6,000달러에서 1965년 1,152만 달러를 기록했다. 그리고 1968년 5,118만 달러를 수출하면서 5,000만 달러 목표를 달성했다. 기적적인 수치였다. 덕분에 봉제품 수출은 7개년 계획을 3년이나 앞당기게 되었다. 이후 공산품 수출이 급격히 증가해서 전체 수출의 55.4퍼센트를 기록했다.

이처럼 1970년대의 수출품에서 섬유류가 가장 큰 비율을 차지했다. 그리고 합판과 가발이 뒤를 이었다. 특히 가발은 1970년대까지 꾸준한 성장세를 보였다.

가발이 우리나라 수출품에서 중요한 위치를 차지하면서 당시 머리카락을 사러 다니는 고물 장수들이 인기였다. 그들은 동네방네 다니며 머리카락을 사들였다. 여성들 사이에는 머리카락을 팔아 양은솥을 사면 재수가 좋다는 소문이 퍼지기도 했다. 그래서 자신이나 딸들이 곱게 길렀던 머리카락을 잘라서 팔아 번 돈으로 양은냄비나 양은솥을 사곤 했다. 그러고도 돈이 남으면 기꺼이 머리카락을 자르도록 허락해준 딸에게 옷이라도 하나씩 사 입혔다. 덕분에 각 학교마다 여자아이들의 머리 모양은 자로 잰 듯 똑같았다. 너나없이 귀밑으로 바싹 자른 단발머리였다. 아이들은 단발머리가 최신 유행이라도 된 듯 나풀대며 골목을 뛰어놀았다.

우리나라가 머리카락을 수출하게 된 계기는 좀 더 외화를 벌어들일 수 있는 수출산업 전략을 세우고 나서부터였다. 정부에서는 유능한 서른 명의 영업 사원을 선발해 선진국으로 파견했다. 그들에게 주어진 특명은 '선진국의 백화점을 돌아보고 우리가 팔 수 있는 상품을 찾아내라!'는 것이었다.

막중한 임무를 띤 그들은 백화점마다 샅샅이 뒤졌다. 그러나 정작 우리가 팔 만한 물건은 없었다. 그런 그들의 눈에 띈 광경은 가발을 사기 위해 장사진을 이룬 흑인들의 모습이었다. 선천적으로 심한 곱슬머리인 그들에게 쭉쭉 뻗

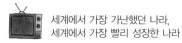
세계에서 가장 가난했던 나라,
세계에서 가장 빨리 성장한 나라

은 직모는 선망의 대상이었다. 흑인들이 멋내기용으로 가발을 구매하는 것도 그 이유에서였다. 가발은 흑인들뿐 아니라 백인 여성들에게도 인기였다. 노란 머리의 백인 여성들은 검은 머리를 사려고 장사진을 이루었다.

가발 사업은 그처럼 흑인들과 백인 여성들에게서 얻은 아이디어로 시작됐다. 급기야 가발 산업 활성화 정책이 나오면서 가발 산업을 해보겠다는 기업이 나타났다. 1964년, 우리나라 여성들의 머리카락으로 만든 가발을 처음으로 수출해 벌어들인 돈은 1만 4,000달러였다. 다음 해인 1965년에는 미국에서 중국산 머리카락 수입 금지령이 내려지면서 우리나라의 가발 수출액이 무려 155만 달러에 달했다.

그에 발맞추어 국내에 예닐곱 개뿐이던 가발 업체가 무려 40여 개로 늘어났다. 가발 수출량이 급증하자 정부에서는 가발 기능 양성소까지 세우고 가발 산업을 적극 지원하기도 했다. 그러자 가발 수출액은 매년 증가해 1966년에는 1천만 달러를 넘어서고, 1967년 1,978만 달러, 1968년 3,055만 달러, 1969년 5,336달러, 그리고 1970년대에는 9,357만 달러를 기록하면서 우리나라 가발 수출액은 총수출의 9.3퍼센트를 차지했다.

외국에서 한국산 가발을 선호하게 된 이유는 순전히 품질이 월등해서였다. 그때만 하더라도 우리나라에는 머리카락을 염색하거나 탈색하는 사람이 없었다. 미용 기술도 발달하지 않은 데다가 먹

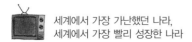

고사는 것에만 신경을 쓰던 시절이어서, 지금처럼 심한 퍼머넌트나 염색으로 머릿결이 상한 경우도 없었다. 신윤복의 그림에 나오듯 단오절이 되면 창포물에 머리를 감고, 아무 손상 없이 자연스럽게 길러온 머리카락은 검고 매끄럽고 건강했다. 당연히 우리나라 여성들의 머리카락으로 만든 가발이 가장 인기가 좋을 수밖에 없었다.

당시 각 무역상사 직원들은 커다란 여행 가방에 한국산 봉제 인형과 옷가지, 양말, 가발, 심지어 부삽까지 넣고 선진국의 백화점들을 돌아다니며 보따리 장사를 했다. 사람들 앞에서 가방을 펼쳐놓고 물건을 팔며 창피할 때도 있었지만, 국가 경제에 이바지한다는 생각에 참고 견뎠다. 알래스카에서 냉장고를 팔고, 아프리카에서 운동화를 파는 것처럼 생뚱맞은 제품을 팔아야 할 때도 많았다. 언젠가 트렁크에 부삽을 한가득 넣고 LA에 파견된 무역상사 직원은 어떻게 그 많은 부삽을 다 팔아야 할지 난감했다. 그런데 그해 겨울 40년 만에 내린 폭설로 시카고 일대의 교통이 마비되는 바람에, 가져갔던 부삽을 한 개도 남김없이 다 팔 수 있었다.

소변까지도 고가 수출품이었다. 1970년대 공중화장실에는 소변을 모아두는 흰색 플라스틱 통이 설치되어 있었다. 사람의 소변에서 추출하는 '우로키나아제'는 중풍 치료제를 만드는 원료로 쓰였는데, 1킬로그램에 무려 2,000달러가 넘었다. 사람들은 소변까지도 수출해서 돈을 벌어들인다는 말에 적극 호응했고, 단 한 방울이라도 알뜰히 모아 외국으로 수출했다.

쥐 털도 훌륭한 수출품이었다. 값비싼 밍크 털 대신 쥐 털을 깎아 만든 것이 '코리아 밍크'였는데, 당시로는 누구도 생각하지 못했던 기발한 사업 아이템이었다. 그렇잖아도 사람의 식량을 축내는 쥐는 반드시 잡아 없애야만 하는 숙적이었다. 사람들은 쥐의 털까지 수입원이 된다는 사실에 아예 팔 걷고 나서서 쥐를 잡아들였다. 정부에서는 각 시도마다 할당량을 정해주었고, 전국적으로 쥐잡기 운동이 벌어졌다. 전국의 초중고 학생까지 동원되어 보이는 대로 쥐를 잡아들였다. 거리마다 쥐잡기와 관련한 표어와 포스터가 나붙었고, 학교에서는 쥐잡기를 소재로 글짓기 대회나 웅변대회를 열어 범국민적으로 쥐잡기 운동에 열을 올렸다.

그처럼 1960년대, 1970년대는 전 국민이 수출 역군으로서 한마음 한뜻이 되어 수출 증대에 힘쓴 때였다. 아무리 발버둥을 치고 노력해도 벗어날 수 없었던 가난이란 굴레에서 빠져나오기 위해, 정부가 의욕적으로 추진한 경제개발 정책을 그대로 믿고 따랐던 것이다.

10억 달러를 넘어 100억 달러, 수출로 쓴 대한민국의 기적

19 64년, 1억 달러어치를 수출한 우리나라는 그 이후 매년 40퍼센트 이상의 수출 증가액을 기록했다. 기적에 가까운 일이었고, 외국 어느 나라에도 비슷한 사례가 없었다.

정부에서는 '기회를 놓치지 말고 밀어붙이라'고 독려했다. '밀어붙여'는 군대식 용어다. 적과의 전투에서 승리를 예감했을 때 추격전을 명하는 명령투의 말이었다. 곧 '지금까지의 수출 증가율이 40퍼센트였으니 내년에도 그것을 유지하라'는 뜻이었다.

마침내 정부는 '증산, 수출, 건설'을 구호로 내걸었다. 당시 수출 목표는 1억 7천만 달러로 전년도보다 역시 40퍼센트 증가한 액수였다. '수출, 증산, 건설'이 국가 목표가 되자 수출 업계에서 정부에 하소연하기에 이르렀다. '우리나라 수출 한계는 3억 달러인데, 이 목표는 전투기가 음속을 돌파할 때의 장벽과도 같다'는 것이었다.

실제로 초음속 전투기가 낮은 고도에서 음속으로 돌파할 경우 충격파가 발생하고, 이때 지상에 있는 건물의 유리가 깨질 정도로 엄청난 굉음을 동반한다. 임신한 동물들은 놀라서 유산을 하기도

하고, 사람은 심장마비로 사망할 정도로 위험이 따른다. 따라서 수출 증가액을 두고 초음속 전투기에 비교한 것은 그만큼 위험도가 높아서 힘들다는 뜻이다.

그러나 수출 업체의 우려와 달리 1965년 우리나라의 수출 총액은 1억 8,000만 달러를 기록했다. 이 목표를 달성하게 된 데에는 변함없는 정부의 강력한 수출 지원 정책과, '공업 구조의 수출 체제로의 전환 정책'이 효과를 나타낸 덕분이었다.

1967년에는 우리나라 최초의 수출 공업단지가 구로동에 세워졌다. 단지 내에는 현대적 시설을 갖춘 30개의 수출 전용 공장이 들어섰다. 봉제품과 합성수지 제품, 전자기계 제품, 광학기계 제품, 가발 등을 생산하는 공장들이 14만여 평의 대지 위에 세워지면서 6,000여 명의 근로자들이 제품을 생산해냈다.

수출 공업단지는 제1단지부터 6단지까지 세워졌다. 제1단지에 이은 제2단지는 아파트형 봉제 공장으로 1967년 착공해 1968년에 완공되었는데, 주로 국내 기업이 입주했다. 1970년에 세워진 제3단지는 공업 분산 정책에 따라 가리봉동에 세워졌는데, 우리나라 수출 공업단지 중 가장 규모가 컸다. 이어서 인천 부평구에 제4단지가 세워졌고, 주안에 제5단지와 제6단지가 세워졌다.

수출 공업단지를 세울 당시 정부에서는 원자재의 운송과 수출 화물 선적, 종업원들의 출퇴근 등을 고려하여 비교적 교통이 수월한 지역에 공단을 배치하도록 했다. 구로동에 세워진 제1단지만 해도 바로 옆에 경부선과 경인선이 지나고, 수도권 전철과 경인고속도로에서 반경 1킬로미터 내에 위치해 있다. 그만큼 입지 조건이 유리한 장소가 수출 공업단지 부지로 선정된 것이다.

이후 수출 주도형 개발 정책이 본격적으로 이루어지면서 '수출은 성장의 엔진', '수출만이 살길'이라는 구호가 등장했다. 이에 맞춰 '수출 40퍼센트 신장'이라는 목표가 세워졌고, 해마다 40퍼센트 가까이 늘어났다. 1971년에는 10억 달러 수출을 달성했고 1977년에는 드디어 대망의 100억 달러 수출 고지를 점령하게 되었다.

당시 정부에서는 해마다 정해진 수출 목표를 달성해야 한다는 압박감에 시달리다 보니 심지어 이런 비화도 있었다. 1969년, 대만으로 수출하기로 한 소형 어선 20척이 있었다. 그 대가로 받는 돈은 무려 614만 달러였다. 연말까지 어선 20척만 수출하면 전년도처럼 40퍼센트 목표 달성이 충분히 가능했다. 그런데 어선 건조공사를 수주한 업체에서 파업을 하는 바람에, 연말까지 배를 완성하기에는 무리라는 보고가 올라왔다. 정부에서는 업체가 연말까지 배를 완성하도록 모든 지원을 아끼지 않았다.

드디어 1969년 12월 31일, 대만에 수출할 어선 20척에 대한 모든 작업이 끝났다. 대만 측에서도 인수증에 서명을 했고, 그 인수증이 한국은행에 도착해서 입금만 되면 수출 절차는 완료되는 거였다. 그런데 하필이면 그날 서울에 폭설이 내려 항공기 운항이 중지되었다. 시간을 절약하기 위해 비행기를 타기로 했던 직원은 할 수 없이 자동차를 몰고 비상등을 켠 채 서울까지 미친 듯이 달렸다.

은행에서는 마감 시간도 연장한 채 인수증만을 눈이 빠지게 기다리는 상황이었고, 수출 주관 부서인 상공부에서도 초조하게 소식을 기다리고 있었다. 그러나 기다리던 희소식은 좀처럼 오지 않고 급기야 상공부 직원 모두의 얼굴이 점점 사색으로 변하기 시작했다. 대만 어선 20척에 대한 인수증이 은행에 도착해야만 그해의 수출 목표가 채워지는 중요한 시점. 그 누구도 마음을 놓을 수 없었다.

기다림에 지친 상공부 직원들의 가슴이 까맣게 타들어가기 시작할 무렵, 은행으로부터 입금이 완료되었다는 통보가 날아왔다. 소식을 들은 상공부 직원들은 사무실이 떠나갈 듯 기쁨의 함성을 질렀다. 우여곡절 끝에 모든 절차가 끝난 시각은 오후 3시. 한 해의 업무를 마치는 종무식이 끝난 지 이미 세 시간이나 지나 있었다.

상공부 장관은 즉시 대통령에게 보고하기 위해 숨이 턱에 닿도록 달려갔다. 대통령은 보고를 받으면서 상공부 장관의 두 눈을 지그시 바라보았다. 상공부 장관의 눈시울이 촉촉하게 젖어 있었기 때문이다. 보고가 끝난 뒤 대통령은 말없이 상공부 장관의 어깨를 토닥였다. 그처럼 수출 목표를 달성하는 일은 수출에 관여한

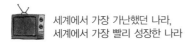

모든 사람들의 피를 말릴 만큼 급박하고 중차대한 일이었다.

그렇게 수출에 전력을 쏟은 결과, 마침내 1970년 10억 달러 수출 목표를 완수했다. 대통령과 정부, 그리고 국민 모두가 '하면 된다, 우리도 할 수 있다'는 정신으로 노력한 결실이었다. 수출드라이브 정책을 실시한 지 7년 만에 수출액이 약 10배 이상 증가한 것이다.

일자리가 늘고 소득이 증가하자 국민들은 비록 쌀밥은 충분히 먹을 정도는 아니었지만 보리밥은 먹을 수 있게 되었다. 수출이 늘어나면서 보리쌀 정도는 수입할 수 있는 국력을 갖추게 된 것이다. 참고로 당시 곡물 가격은 쌀이 밀이나 보리의 두 배였다. 쌀 대신 보리를 수입하면 두 배를 더 먹을 수 있었기 때문에 정부는 보리쌀을 대거 수입했다. 전 국민이 마음 놓고 쌀밥을 먹기 위해서는 1977년까지 수출 100억 달러를 돌파해야 했다.

마침내 1977년 12월 21일, 수출 100억 달러를 달성했다. 중진국 수준에서나 가능했던 목표를 이룬 것이다. 국민과 국가의 운명을 걸고 수출에 온 힘을 다한 지 14년 만의 쾌거였다. 드디어 절망적이었던 민생고가 해결되는 순간이었다.

이후에도 수출은 해마다 40퍼센트 이상 꾸준히 성장했다. 그리고 2014년, 우리나라는 전반적인 경기 침체 속에서도 5,731억 달러를 수출했다. 사상 최대의 수출 실적을 기록한 것이다. 1억 달러 수출에 이어 10억 달러 수출, 그리고 100억 달러 수출 달성을 온 국민이 기뻐하며 기념하던 시절과는 비교할 수 없을 정도로 어마어마한 액수였다. 전체 무역 규모도 세계 8위에서 10권으로 이른바 무역 대국이 되었다. 이제 우리나라의 전체 무역 규모는 1조 987억 9,700만 달러에 이른다.

수출할 수 있는 것은 모두 수출하겠다며 머리카락까지 잘라 수출하던 나라에서 이제는 반도체와 철강, 무선 통신기기, 자동차, 선박 등으로 수출 품목의 수준이 높아졌다. 수출 대상국도 미국과 유럽 전 지역, 일본, 중국을 비롯한 전 세계로 확장되었다. 이제 세계인들은 우리나라를 대표적인 무역 대국이라 기억한다.

국내에서 생산된 제품이 해외시장에 진출하는 것이 더 이상 이슈가 되지 않는 시대다. 이제 우리에게 수출은 너무나도 당연해졌다. 수출 액수가 늘지 않는다고 걱정하지도 않는다. 정부에서도 과거처럼 목표를 정하고 기업들을 독려하지도 않는다. 그런데도 우리나라는 여전히 수출로 살고 있다. 아마도 우리나라가 국가의 운명을 수출에 걸고 수출 증가에 총력을 기울이지 않았더라면 지금의 대한민국은 없었을 것이다.

당시 수출에 깊이 관여한 사람들 중 땀과 눈물을 흘려보지 않은 사람은 없었다. 우리나라는 수출과의 전쟁을 치렀던 것이다. 모든 수단을 동원해서라도 반드시 이겨야 하는 것이 전쟁이다. 우리나라는 총사령관인 대통령과 작전 참모인 상공부, 직접적으로 전투를 치른 수출 연관 업체와 남녀 기능공, 그리고 온 국민이 힘을 모아 전쟁에 임했다. 기아선상에서 탈출할 수 있는 유일한 통로가 '수출'이라는 것을 알기에 그처럼 똘똘 뭉칠 수 있었던 것이다.

산악인들이 위험한 줄 알면서도 점점 더 높은 산에 도전하는 이유는 정상에 올랐을 때 말로 표현할 수 없을 만큼 강한 희열과 성취감을 느끼기 때문이다. 산 정상에서 맛보는 청량한 공기와 아름다운 경치는 그들에게 주어지는 고귀한 선물이다. 수출도 마찬가지다. 전 국민이 수출 역군을 자처하며 수출 전선에 뛰어들었던 당시, 스스로 내린 선택과 땀방울의 가치 덕분에 대한민국이 수출로써 새로운 역사를 쓸 수 있었던 것이다.

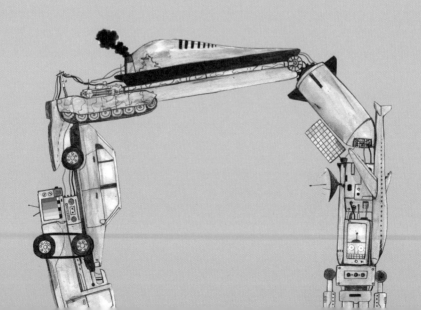

2부

의식주 문제를 해결한
과학기술의 힘

식량 부족을 해결한
복합비료 공장

자라나는 아이에게 비타민이나 칼슘, 단백질, 철분 등 많은 영양제가 골고루 필요하듯이 농작물도 마찬가지다. 더 많은 수확을 하고 결실을 맺기 위해 필수 영양분이 고루 섞인 복합비료가 필요하다. 복합비료는 질소와 인산, 칼륨 이 세 가지 중 두 가지 성분 이상을 함유한 화학비료를 말한다.

1960년대만 해도 우리나라는 농작물에 주는 거름을 농부들이 직접 만들어 썼다. 농가에는 집집마다 항아리처럼 생긴 '오줌장군'이 있었는데, 좌우로 길쭉하게 생긴 그 용기 가운데에는 깔때기처럼 생긴 주둥이가 달려 있었다. 집안의 남자들은 주로 그 오줌장군에 소변을 보았고, 모아진 오줌은 삭혀서 거름으로 사용했다. 인분도 마찬가지였다. 농가에서는 뒷간에 있는 인분을 발효시켜 거름으로 썼다. 지금의 화장실 격인 뒷간은 질소와 인산, 칼륨이 골고루 섞인 비료를 만드는 천연비료 공장이었던 셈이다.

분뇨를 거름으로 쓰다 보니 부작용도 많았다. 분뇨에 섞여 있던 기생충 때문에 병에 걸리는 사람이 많았다. 당시 국민의 80퍼센트가 기생충에 감염되었다는 통계가 있을 정도로 문제가 심각했다. 그나마 질소비료인 유안비료가 시중에 유통되기는 했지만 한 포대를 사서 서너 농가가 나누어 쓰는 형편이었다. 농약도 거의 없었고, 있다 해도 가난한 농가에서는 선뜻 사서 쓰기가 버거웠다.

논에 해충이 생기면 유일한 해결 방법은, 모래에 석유를 섞어 논에 뿌리고 막대기로 벼를 건드려 해충이 논바닥에 떨어져 죽게 하는 것이었다. 지금은 첨단 농법을 활용해 과학적인 영농을 하지만 당시에는 그처럼 원시적인 방법으로 농사를 지었다.

우리나라가 본격적으로 복합비료를 생산하게 된 가장 큰 이유는 늘어나는 인구에 비해 식량이 턱없이 부족해서였다. 지금 이 순간에도 세계 인구는 매년 2.1퍼센트씩 꾸준히 증가하고 있다. 하지만 그에 비해 곡물 생산량은 인구 증가율을 따라잡지 못하는 실정이다. 전 세계적으로 공업 생산은 증가하는 데 비해 정작 인류가 먹고살 식량은 턱없이 부족한 시대가 오고 있는 것이다.

실제로 지구촌 인구의 절반 정도는 하루 2달러 이하로 근근이 살고 있다. 심지어 그중 20퍼센트는 1달러도 채 안 되는 돈으로 살아간다. 가끔 TV에서 아프리카의 빈민국 국민들이 겪고 있는 참상을 보여줄 때가 있다. 화면 속의 그들은 먹을 물조차 부족한 상태에서 굶주림과 질병으로 고통받고 있다. 영양소가 부족해 갈비뼈가 훤히 드러날 정도로 앙상한 아이들, 너무 말라서 몸조차 가누지 못하고 누워 있는 아이들, 어머니 품에 안겨 빈 젖을 빨다가 지친 아이들의 표정에서 희망이라고는 찾아볼 수도 없다.

과거 우리나라도 늘어나는 인구 때문에 산아제한 정책을 펼친 때도 있었다. 지금은 세계에서 가장 낮은 출산율을 기록하고 그에 맞춰 인구 고령화가 급속도로 진행되고 있지만, 당시 우리나라 인구는 높은 출산율과 북한 피난민의 유입으로 급격히 증가했다. 현재 베이비부머 세대인 5, 60대들은 모두 그때 태어났다.

학교에서는 늘어난 아이들 때문에 교실이 턱없이 부족해지자 오전반과 오후반으로 반을 나누어 등교를 시키는 진풍경도 벌어졌다. 급기야 정부에서는 '둘만 낳아 잘 기르자'는 캠페인을 벌이고, 무료로 정관수술까지 시켜주기도 했다. 먹을 것도 부족한 마당에 인구만 늘어나자 정부에서 고육지책으로 내놓은 방안이었다. 그리고 정부는 경제개발 5개년 계획에 복합비료 공장 건설을 포함시켰다.

당시 우리나라에 비료 공장이 없었던 것은 아니다. 미국에서 세워준 제1비료 공장(충주비료)과 제2비료 공장(호남비료)이 있었다. 그러나 그 공장에서는 요소비료와 질소비료밖에 생산하지 못했다. 토양의 산성화를 막고 곡식 생산량을 늘리려면 질소와 인산, 칼륨이 모두 포함된 복합비료를 만들어야 하는데, 두 공장에서 생산되는 질소비료와 인산비료만으로는 부족했다. 비료를 대량으로 생산해서 농가에 싼값으로 공급하려면 좀 더 규모가 큰 복합비료 공장이 필요했다.

비료 공장에서 가장 건설비가 많이 들고 중요한 시설은 암모니아 공장이다. 암모니아가 싸게 생산되어야 비료 값이 저렴해지기 때문에 선진국에서는 점점 더 암모니아 공장의 규모가 커지고 있는 상황이었다. 우리나라 최초로 충주에 세워진 제1비료 공장(충주비료)과 나주에 세워진 제2비료 공장(호남비료)은 하루 150톤을 생산하고 있었다. 그리고 울산에 세워진 제3비료(영남화학)와 진해에 세워진 제4비료 공장(진해화학)에서 생산된 암모니아는 하루 310톤이었다. 제1비료 공장과 제2비료 공장에 있는 암모니아 공장에 비해 규모가 200퍼센트 커졌는데도 생산량은 여전히 국제 수준에 미달했다.

따라서 암모니아 생산원가는 제1, 2비료 공장보다 낮았지만 국제가격으로 생산할 수는 없었다. 그런데 그때 울산의 제5비료 공장에서 당시로서는 국제적인 규모인 600톤 규모의 암모니아 공장을 건설했다. 그것이 한국 비료가 생산하는 요소비료를 국제 경쟁 가격으로 수출할 수 있게 된 이유였다. 이어서 우리나라는 하루 1,800톤을 생산할 수 있는 세계 최대의 비료 공장인 제7비료 공장(남해화학)을 건설했다. 당시 세계 최대 암모니아 생산량은 하루 900톤이었다. 덕분에 농민들은 싼값으로 비료를 공급받을 수 있었고 외국으로 수출까지 하게 되었다.

현재 국내 최대의 비료 생산 시설을 갖추고 있는 남해화학 비료

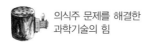

의식주 문제를 해결한
과학기술의 힘

공장에서는 비료의 3대 요소인 질소, 인산, 칼륨을 모두 생산하고 있다. 공장에서 생산하는 총생산량은 남한과 북한이 쓰고도 남는 양이어서 외국으로 수출도 하고, 북한에 원조도 해주고 있다.

북한의 비료 시설은 1930년대식으로 매우 낙후되어 있다. 게다가 전기 소모량이 많은 공법을 쓰다 보니 전기가 부족하면 즉시 가동을 멈춘다. 생산되는 비료도 질소비료가 대부분인데 그나마도 유산암모늄이라는 단일 품목에 불과했다.

북한에서 생산한 비료는 오래 사용하게 되면 토질이 산성화되고, 그로 인해 곡물의 수확량이 급격히 감소하는 단점이 있었다. 그래서 북한에서는 토질을 개선하기 위해 퇴비를 많이 쓰고 밤낮 없이 개토 작업을 하는 데 시간을 소비해야 했다.

반면 우리나라는 복합비료를 생산하면서 농가 생산량이 급격히 증가했다. 식량 재고만 해도 4백만 섬을 돌파했다. 복합비료 생산 덕분에 배불리 먹고도 식량이 남아서 비축까지 하게 된 것이다. 그러자 그 소문을 들은 북한에서 비료를 원조해달라고 요청이 들어왔다. 1972년 제1차 남북적십자회담이 열렸을 때였다.

당시 북한은 농가에 출몰한 벼물코끼리벌레 때문에 골치를 앓고 있었다. 벼물코끼리벌레는 바구미 과에 속하는 벌레로 몸뚱이는 잿빛이 도는 갈색이고 등 가운데에 얼룩무늬가 있다. 다 자란 성충은 몸길이가 3밀리미터 정도 되는데, 주로 벼와 옥수수 모를 갉아 먹는다. 일단 이 벌레들이 작물에 들러붙으면 잎 전체가 하얗게 변하다가 나중에는 포기 전체가 말라 죽는다. 벼물코끼리벌레 때문에 한 해 농사를 아예 망치게 되는 것이다.

적십자회담을 계기로 서울에 온 북한 시찰단은 변화한 서울의 모습에 눈이 휘둥그레졌다. 그들은 서울 거리를 달리는 자동차들을 보고, 보여주기 위해 일부러 전국에 있는 차들을 모두 불러 모은 거라고 추측하기도 했다. 그러나 우리 경제는 그들이 생각하는 것보다 훨씬 앞서 있었다. 국가 발전 계획을 세우면서 우리나라는 경제개발 5개년 계획에 초점을 맞추었고, 북한은 7개년 계획을 세워 '푸른 낙원'을 건설하기로 했다가 '군비 강화'로 방향을 돌린 데 대한 혹독한 대가였다.

우리나라의 비료 수출은 해가 갈수록 증가하고 있다. 현재 우리나라 최대 규모의 남해화학은 캄보디아에도 비료를 수출하게 되었다. 주요 비료 시장인 베트남을 통해 캄보디아에 최초로 6,300톤의 복합비료를 수출하게 된 것이다. 연중 3모작이 가능한 캄보디아에서는 자국 내 비료 생산 시설이 없다. 대부분 베트남 호치민 항을 경유하거나 국경 따라 연결된 메콩 강을 통해 소형 바지선으로 수입해서 쓰는 형편이었다. 그러다가 최근 들어 복합비료 효과에 대한 인식이 높아지면서 수요가 증가하고 있다.

최근 대림산업은 사우디아라비아의 마덴 사가 발주한 8억 2,500만 달러(약 9,449억 원) 규모의 암모니아 생산 공장 건설공사를 수주했다. 과거 우리나라가 진출했던 주베일에서 북쪽으로 80킬로미터

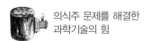
의식주 문제를 해결한
과학기술의 힘

떨어진 라스 알카이르 지역에 위치한 지역에 하루 최대 3,300톤의 암모니아를 생산할 수 있는 대규모 석유화학 공장을 짓는 프로젝트다. 공사 기간은 총 39개월로 2016년 9월 준공 예정인데, 무엇보다 고무적인 것은 이번 기회로 인해 우리나라의 기술력이 또다시 세계적으로 인정받게 되었다는 점이다.

굶주림과의 전쟁은 '통일벼'의 개발로 막을 내리다

복합비료 개발에 이어 정부가 의욕적으로 추진한 것은 식량 증대를 위한 쌀 종자 개량이었다. 1960년대 우리나라는 엥겔지수가 지나치게 높았다. 전체 생활비 중에서 식비가 차지하는 비중이 너무 컸던 것이다. 엥겔지수가 높다는 것은 그만큼 저소득층이 많다는 것이었고, 우리나라 경제가 여전히 후진국 수준이라는 증거였다.

당시 서울 시민의 평균 생계비에서 50퍼센트가 식료품 구매비로 쓰였는데 그중 30퍼센트가 쌀값이었다. 쌀값은 정치, 경제, 사회문제에 있어서 '태풍의 눈'과 같은 존재였다. 겉으로는 평온해

보이지만 그 중심부에 이를수록 원심력이 세지는 것처럼, 쌀값이 우리 경제와 사회 전반에 미치는 영향은 막강했다.

쌀값이 오르는 이치는 간단했다. 우리나라는 농민 1인당 경작 면적이 논 246평, 밭 177평으로 총 423평이다. 이렇게 작은 농지에서 나오는 소출로 전 국민이 먹고살기란 불가능했다. 게다가 농민들에게는 쌀을 보관하는 창고마저 없었다. 그러다 보니 추수철이 되면 수확한 곡식 중에서 먹을 것만 조금 남겨두고 모두 내다 팔아야 했다.

쌀 수확량이 가장 많을 때쯤이면 당연히 쌀값이 하락했다. 그 틈을 노려 보관 창고가 있는 상인들은 쌀을 싼값에 사들여 값이 오르기를 기다렸다. 그리고 값이 오르면 사들인 값의 몇 곱절을 받고 되팔았다. 그러자 가난한 서민층에서 못살겠다는 아우성이 터져나왔고, 농민들은 한숨을 내쉬었다. 열심히 농사를 지은 농민들은 정작 아무 소득이 없고, 매점매석하는 상인들만 배를 불리는 꼴이었다.

쌀값이 하늘 높은 줄 모르고 치솟자 먹고살기 위한 지출이 많아지고, 그에 따라 근로자들의 임금도 올라갔다. 급기야 인플레이션의 악순환이 시작되면서 서민들은 굶느냐, 사느냐라는 극단적인 문제에 부딪쳤다. 잘사는 사람은 더 잘살고 못사는 사람은 더 못살게 되는 부익부 빈익빈 현상이 나타났다. 가난한 서민들은 아무리 일을 많이 해도 가난을 면치 못하자 스스로 자포자기하는 심정이 되어 무심한 세월을 원망했다.

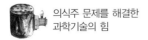
의식주 문제를 해결한
과학기술의 힘

우리나라가 농업을 중시한 것은 고려 시대부터였다. 나라에서는 농민들에게 새로운 농법을 알리고 수리 시설도 늘려 농업 생산량을 높였다. 그러나 농민들은 생산량의 10퍼센트를 세금으로 내고도 토산물이나 삼베를 공물로 바쳐야 했다. 그리고 나라에 일이 있을 때마다 무상으로 노역을 하고, 토지가 없어 소작을 할 때는 지주에게 생산량의 절반을 내줘야 했다. 그러다 보니 생산량이 증가해도 농민들은 남는 게 없었고 생활은 더 피폐해졌다. 과거부터 '농자천하지대본'을 철칙으로 알고 살아왔지만 농업이 나라의 주요 산업이 된 지 반세기 동안 굶주림은 늘 서민의 몫이었다.

1960년대도 마찬가지였다. 치솟는 쌀값 때문에 사회적으로 대혼란이 일어나자 급기야 정부로부터 쌀값부터 잡으라는 지시가 내려졌다. 이후 정부에서는 농민의 생활 대책을 위해 지하수 개발과 수리안 전답 사업을 추진했다. 기계화 영농을 위해 경지정리를 하고 축산, 잠업, 연안과 내수면 양식도 권장했다. 양송이나 과일, 담배 같은 특용작물도 장려했다. 그리고 농민 소득을 증대하고 국민 모두가 더는 주식으로 인해 고통을 받지 않도록 종자 개량에 눈을 돌리게 된다.

우리나라는 필리핀과 공동 연구로 종자 개량을 실시했다. 당시 필리핀에는 미국의 록펠러 재단과 포드 재단의 지원으로 세워진 국제 미작 연구소가 있었다. 그곳에서 볍씨를 개량해서 소득을 증대하는 이른바 '녹색혁명'을 주도하고 있었다.

참고로 지금은 필리핀의 경제가 낙후되어 있지만 1960년대 필리핀은 우리나라보다 훨씬 부유한 나라였다. 현재 주한미국대사관으로 사용하는 쌍둥이 빌딩은 필리핀이 설계 감리를 맡아 건설되었다. 그리고 장충 체육관도 필리핀이 지었는데, 그 이유는 당시 우리나라가 대형 철골 돔 형식의 원형 경기장을 지을 기술이 없었기 때문이다.

종자 개량을 위해 우리나라에서는 1960년부터 서울대학교 농과대학 교수로 있던 허문회 교수가 프로젝트에 참여했다. 허 교수는 필리핀의 국제 미작 연구소에서 1964년부터 2년간 연구원으로 근무하면서 생산성 높은 벼 품종 개발에 주력했다. 우리나라의 식량부족을 해결하기 위해서는 질보다 양이 더 중요했기 때문이었다.

지구촌 인구가 소비하는 쌀은 크게 두 종류로 나뉜다. 우리가 먹는 자포니카 종과 안남미로 불리는 인디카 종이 그것이다. 자포니카 종은 우리나라와 일본, 중국 동북 지역처럼 온대에서 재배하는데, 모양이 둥글고 단단하며 맛이 차진 대신 병에 약하고 수확량도 적다. 필리핀이나 태국, 베트남, 캄보디아 등 열대에서 생산되는 인디카 종은 길쭉한 모양이며 찰기도 적고 부스러지기 쉽지만 대신 수확량이 많다.

인디카 종인 안남미는 우리나라 사람들에게도 익숙한 쌀이다. 한국전쟁 때 모든 것을 잃고 배고픔에 지쳐 있던 우리나라에 고마운 선물이 도착했다. 캄보디아와 베트남 등지에서 안남미를 보내준

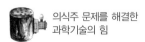

것이다. 평소 우리가 먹던 차진 쌀이 아니고 바람에 후루룩 날릴 정도로 찰기가 없는 쌀이었지만, 그 쌀로 인해 배고픔을 잊었던 시기가 있었다. 지금은 우리나라 경제가 그들 국가보다 훨씬 앞섰다고 자만하지만, 과거에는 쌀을 얻어먹으며 신세를 질 때가 있었다.

당시 허문회 교수는 주로 인디카 종과 자포니카 종의 장점을 결합해 수확량이 많은 신품종을 개발하기 위한 노력을 거듭했다. 그러나 학계에서도 별 기대를 걸지 않았던 그 방법은 번번이 실패로 끝났다. 그는 한 개의 자포니카 품종과 두 개의 인디카 품종을 교배하는 이른바 3원 교배를 시도했고, 결국 그 방법은 성공했다. 3원 교배는 어느 누구도 시도하지 않았던 기발하고 창의적인 육종 방법이었다.

3원 교배를 통해 생산성을 높일 수 있는 벼들이 탄생하자, 회문회 교수는 그중에서 가장 우수한 벼 종자를 골라냈다. 그리고 다시 교배를 진행하면서 세대를 발전시켜갔다. 품종을 육성하는 데 걸리는 시간을 절약하기 위해 여름 한 철은 우리나라에서 실험 재배를 했다. 그리고 겨울에는 국제 미작 연구소에서 우수 품종을 위한 재배를 계속했다. 그 결과 1971년, 마침내 우리나라 농가에 대풍년이 기대되는 '통일벼'가 첫선을 보였다.

다른 벼들은 낟알이 80~90개 정도인데 비해 통일벼의 낟알은 무려 120~130개였다. 통일벼를 심은 논에서는 과거보다 40퍼센트나 수확량이 증가했다. 게다가 한국인의 근성을 빼닮은 통일벼

는 키가 작고 줄기가 단단해서 쉽게 쓰러지지도 않았다. 통일벼는 비록 푸석푸석하고 차진 맛도 없었지만 오랜 굶주림을 해결하기에 충분했다. 많은 사람들이 난생처음 쌀밥을 배불리 먹었고, 농가 소득이 늘어난 농민들에게도 모처럼 삶의 여유가 생겼다. 농민들은 쌀을 팔아 번 돈으로 당시 유행하던 라디오도 사고 옷가지나 생활용품을 사들였다. 도시에만 머물던 산업화의 물결이 그제야 농촌으로 밀려오기 시작했다.

이후 통일벼는 거듭된 품종개량으로 단점을 보완하면서 점차 우리 입맛에 맞게 개량되었다. 그리고 1977년, 드디어 우리 역사상 처음으로 전 국민이 먹고 남을 만큼 대풍년이 들었다. 정부는 오랫동안 금지했던 쌀 막걸리 제조도 허용했다. 삼시 세끼를 해결하고도 남아서 술을 빚을 정도로 수확량이 급증한 것이다. 종자 개량으로 이룬 녹색혁명으로 인해, 반만년을 이어온 굶주림과의 전쟁은 그렇게 막을 내렸다.

지금도 농촌진흥청에서는 종자 개량을 위해 지속적으로 노력하고 있다. 실험 농장에 심은 벼가 익으면 이삭 하나에 몇 개의 낟알이 붙어 있는지 일일이 세어보고, 더 많은 결실을 위해 실험에 실험을 거듭한다. 식량의 자급자족을 이룬 지 수십 년이 지났지만 아직도 연구원들은 초여름이면 벼를 심고, 좀 더 병충해에 강하고 맛있는 쌀을 생산하기 위한 방법을 연구하고 있다. 식량문제는 인류의 영원한 숙제이기에 단 한순간도 소홀히 할 수 없기 때문이다.

발명은 필요에 의해 탄생한다고 한다. 지금까지 인류는 삶에 필요한 것들을 하나씩 발명하면서 과학적으로 진보해왔다. 의식주에 관한 모든 것들이 인류의 역사와 함께 해오면서 새롭게 발명되거나 좀 더 편리하고 '스마트'하게 재창조된 것이다.

우리나라에서는 철제 농기구가 보급되기 시작한 이래 쟁기와 삽, 호미, 낫, 고무래 등등 여러 농기구가 발명되었다. 쟁기로 논밭을 갈고, 고무래로 땅을 고르고, 삽이나 호미를 사용해서 씨를 심고, 곡식이 자라면 낫으로 베어서 수확했다. 그리고 수확한 곡물들은 소가 끄는 달구지에 실어 날랐다.

우리나라의 농업기술이 본격적으로 발전하기 시작한 것은 통일벼를 재배하면서부터였다. 통일벼는 다수확품종이긴 하지만 인디카 종 유전자가 섞여 있어서 서리에 약했다. 모를 일찍 내야 하고 수확도 다른 벼보다 앞당겨야 했다.

이런 단점을 보완하기 위해 만들어진 것이 비닐이다. 농가의 소득 증대에 지대한 공을 세운 비닐은 통일벼를 개발하고 난 후에 본격적으로 보급되기 시작했다. 농가에서는 통일벼를 심은 못자리에 비닐을 씌워 봄추위를 막았고, 덕분에 수확도 앞당길 수 있었다.

비닐의 보급으로 우리나라 농업은 급격히 발전했다. 특히 비닐하우스는 온실보다는 덜하지만 기밀성과 보온력이 높아서 농가에서는 작물 재배용으로 유용하게 쓰였다. 지금 우리가 제철도 아닌데 싱싱한 채소와 과일을 사계절 가리지 않고 먹을 수 있게 된 것도 모두 비닐하우스 덕분이다.

비닐이 농가에 보급되기 전만 해도 농민들은 농사를 하늘에 맡겼다. 특히 모내기 철이 되면 가뭄이 들지 않기를 하늘에 간절히 기도했다. 논농사에서 물을 가장 많이 필요로 할 때는 모내기 철이었다. 과거에는 수리 시설이 열악해서 논농사를 오직 하늘에서 내리는 비에 의존했다. 비가 와서 논바닥에 물이 고이면 손으로 일일이 모를 심었다. 그러나 모내기 철이 되어도 비가 내리지 않고 가뭄이 들면, 농부들은 마른 논바닥을 호미로 직접 파서 모를 심었다. 그리고 모를 심어서 자랄 수 없을 정도로 논바닥이 말라 있으면 아예 볍씨 자체를 뿌렸다.

비닐은 그처럼 열악했던 농가에 일대 혁명을 가져왔다. 농부들은 농사를 더는 하늘에 의존하지 않았다. 비닐하우스 안에 못자리를 설치해서 모판에 씨를 뿌리고 물을 주면서 관리했다. 그러면 어느 순간 초록색 모가 고개를 치켜들고 올라왔다. 농부들은 적당히 자란 모를 모판에서 분리해 논에 심기만 하면 되는 것이다.

비닐하우스가 생기면서 이모작도 시작했다. 이모작은 한 해에 같은 논에서 보리와 벼를 번갈아 재배하는 방법이다. 벼는 3월에 씨를 뿌려서 10월에 추수하고, 보리는 10월에 씨를 뿌려 5월에 추수했다. 이모작으로 인해 농가 소득은 전보다 훨씬 늘어났다.

우리가 보통 '비닐vinyl'이라고 부르는 것은 비닐 필름(합성수지 필름)이 아니라 플라스틱 필름이다. 유기화학에서 비닐기에 염소가 결합되면 염화비닐이 되고, 이것을 중합하면 폴리염화비닐PVC이 된다. 마찬가지로 비닐기에 수산기(–OH)가 결합되면 비닐알코올이 되고, 이를 중합하면 폴리비닐알코올PVA이 된다. PVC와 PVA는 1960년대 초 북한에서 먼저 개발했지만 본격적으로 화학 공장을 세워 비닐을 생산한 것은 우리나라다. 플라스틱 필름은 포장재나 장판, 쇼핑백 등 다양한 용도로 쓰인다.

독특하게도 현재 몇몇 동남아 국가들이 비닐을 음식 담는 간이 용기로 사용한다. 날씨가 덥다 보니 외식 문화가 발달한 동남아에서는 대부분의 사람들이 음식을 사다가 집에서 먹는다. 이때 상인들은 음식을 규격화된 용기가 아니라 비닐봉지에 담아준다. 그들이 음식이 든 비닐봉지를 들고 다니는 광경은 신기하고 재미있지만 한편으로는 걱정스럽기도 하다. 뜨거운 음식을 담았을 때 비닐에서 유해 물질이 나오지 않을까 하는 우려 때문이다.

동남아 국가들이 얇은 비닐봉지를 용기로 사용하는 이유는 플라스틱 용기가 비싸기 때문이다. 우리나라에서는 흔하게 사용하는 것들을 정작 동남아 국가들에서는 마음대로 사용하지 못하는 것이다. 그만큼 우리나라가 발전되고 물질이 풍요로워졌다는 방증이기도 하다. 아직도 동남아 여러 국가들은 가난했던 우리나라 과거의 모습을 하고 있다.

　　비닐과 더불어 생산해낸 것 중에 PVC호스도 있다. 정확히 말하면 송수용 호스였다. 경제개발 5개년 계획을 추진한 이듬해, 전국적으로 극심한 가뭄이 찾아왔다. 오랫동안 비가 내리지 않다 보니 논에 심어놓은 벼들은 말라 죽고, 논바닥은 거북이 등처럼 쩍쩍 갈라졌다. 그대로 두면 그해 수확량은 기대치에 훨씬 못 미칠 게 분명했다.

딸딸딸딸…

그때 생산하여 공급되기 시작한 것이 PVC호스였다. PVC호스는 소방호스처럼 물이 통과할 때는 볼록해지지만, 사용하지 않으면 납작해져서 돌돌 말아 보관할 수 있다. 농가에서는 PVC호스로 메마른 논에 물을 공급했다.

PVC호스는 가격이 저렴하면서도 길이를 얼마든지 늘려 쓸 수 있었다. 덕분에 논밭에 물을 공급하기 위해 남의 땅을 통과해서 쓰기도 좋았다. 겉으로 보기에는 보잘것없었지만 농사짓는 농민에게는 보배나 다름없었다. PVC호스가 없을 때는 논에 물을 대기 위해 일일이 물지게를 지고 날라야 했던 농부들은 큰 힘을 들이지 않고도 호스를 연결해서 논밭에 물을 댈 수 있었다.

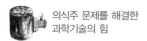

의식주 문제를 해결한
과학기술의 힘

이후에 경운기가 만들어졌다. 당시 대동공업사는 일본 미츠비시와 기술을 제휴해 국내 최초로 경운기를 생산하기 시작했다. 경운기가 농가에 보급되면서 우리 농촌은 활기를 띠게 되었다. 여전히 국가 경제는 힘든 상황이었지만 첨단 설비를 갖추어 경운기나 발전기 등을 만들어내면서 농업의 기계화를 꾀했다.

경운기는 참으로 다양하게 사용되었다. 논에 물을 퍼 올리기도 하고, 생산된 곡식이나 농기구들도 실어 날랐다. 밭을 갈 때도 사용했다. 사람이나 소가 갈던 논밭도 경운기에 쟁기를 장착하고 갈면 힘들이지 않고도 시원하게 갈아졌다. 원시적인 형태의 농법에 의지하던 농가에서는 경운기가 등장하면서 부족한 일손과 시간을 절약할 수 있었고, 좀 더 생산성 높게 농사를 짓게 되었다.

당시 낮은 곳의 물을 높은 곳으로 퍼 올리기 위해 농업용 양수기

의 일종인 펌프를 사용했는데, 크기도 크기지만 무게가 상당했다. 농민들이 덩치 큰 펌프를 일일이 들고 다니며 물을 퍼 올리기에는 힘이 벅찼다. 그러나 경운기의 등장으로 펌프를 경운기에 싣고 다니며 쉽게 물을 퍼 올릴 수 있게 되었다. 인류의 역사가 도구의 발달과 함께했듯, 우리나라 농업은 경운기와 함께 발달했다고 해도 과언이 아니다.

따듯한 겨울을 보내게 해준 연탄의 변천사

인류는 불을 사용하기 시작한 이후부터 동물성 연료와 식물성 연료를 난방과 취사에 이용했다. 나뭇가지나 낙엽을 태워 연료로 사용하는가 하면, 지역에 따라 동물의 배설물을 연료로 사용하기도 했다. 지금도 초원이나 사막 지역에는 소나 말, 양, 낙타의 배설물을 연료로 사용하는 곳이 있다.

인류의 삶이 풍요로워지기 시작한 때는 석탄이 등장하고부터였다. 18세기부터 인류는 땅속에 묻혀 있던 석탄을 캐서 새로운 연료로 삼았다. 석탄을 연소시켜 산업혁명의 꽃으로 불리는 증기기관

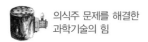
의식주 문제를 해결한
과학기술의 힘

을 움직이고, 더불어 대규모 공장들도 가동됐다. 공장에서는 인간의 삶에 필요한 각종 제품들이 쏟아져 나오고 인류는 가장 풍요로운 시대를 맞이하게 되었다.

석탄은 산업혁명의 원동력이자 인류를 새로운 세상으로 인도한 고마운 존재다. 따라서 인류의 역사는 석탄을 개발하기 전과 개발한 후로 극명하게 나뉜다. 석탄이 등장하기 전의 인류가 암흑세계에 살았다면, 석탄이 등장하고 난 후부터의 인류는 빛의 세계와 통하게 된 것이다.

1960년대부터 1970년대에 이르기까지 중화학공업 중심인 우리 경제에서도 석탄은 매우 중요한 위치에 있었다. 특히 무연탄은 서민들의 취사와 난방을 위한 소위 '국민연료'로 사용되면서 국내 총에너지 수요의 절반 가까이 감당했고, 그와 더불어 매년 생산량이 증가했다.

그러나 석탄을 본격적인 연료로 사용하기 전만 해도 우리 국민들의 유일한 땔감은 나무였다. 일제강점기에 대규모 벌목이 자행되면서 전체 산의 절반이 민둥산이 되어버린 우리나라는 1960년대로 들어서면서 거의 대부분의 산이 벌거숭이로 변했다. 땔감이 부족해지면서 사람들은 야산의 솔잎까지 바닥날 정도로 긁어다 태웠고, 산에서 더는 나무를 구할 수 없게 되자 길거리에 심어놓은 가로수들까지 모두 베어다가 땔감으로 썼다.

산에서 나무들이 사라지자 심각한 현상이 발생했다. 여름이면 조금만 비가 내려도 산사태가 일어나 온 마을을 뒤덮었고, 밀려온 토사로 인해 논과 밭이 매몰되었다. 만약 비가 내리지 않고 조금이라도 가물면 강과 계곡의 물이 순식간에 마르면서 흉년이 찾아왔다.

정부는 경제개발 5개년 계획을 시행하면서 에너지 활용 문제에 비중을 두고, 홍수 방지를 명목으로 산림녹화를 추진했다. 당시 대통령은 온통 민둥산으로 에워싸인 경주의 한 시골 마을을 방문했다가 벌거벗은 산들을 복구해야겠다는 결심을 하게 되었고, 산업화로 훼손되는 국토를 지키기 위해 취임 초기부터 산림녹화 사업을 강력하게 밀어붙였다.

그 과정에서 새로운 에너지 개발이 시급한 문제로 떠올랐다. 문제를 해결하기 위해 상공부 항공청 연구실 직원들이 나섰다. 그들은 국민들의 취사와 난방을 동시에 해결할 연료를 찾기 위해 전국을 헤매고 다니다, 우연히 마산에서 재미있는 광경을 목격한다.

중국 식당에서 직경 1미터쯤 되는 벽돌 화덕 위에 커다란 철판을 올려놓고 중국식 호떡을 굽는 장면이었다. 무슨 연료를 썼는지 화덕 안에서는 불이 활활 올라오고 있었다. 아무리 봐도 나무를 연료로 사용한 것은 아닌 것 같았다. 식당 주인에게 무엇을 연료로 사용하는지 물어보니, 식당 주인은 '무연탄'이라고 대답했다.

무연탄을 연료로 사용한다는 사실은 그때까지 알지 못했다. 유연탄은 불이 붙지만 무연탄도 그럴 것이라고는 생각지도 못한 것이다. 사실 무연탄은 연기가 나지 않는 석탄으로 휘발성이 없고 타

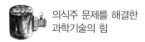

지 않는다. 일반적으로 숯은 잘 타지만, 숯과 똑같은 무연탄은 타지 않는다.

식당 주인은 무연탄을 잘게 깨트린 뒤 물과 약간의 흙을 섞어 덩어리로 만들었다. 그러고는 덩어리를 굳혀 화덕에 넣고 꼬챙이로 푹푹 찔러서 구멍을 뚫어 사용하고 있었다.

유레카! 바로 그거였다. 목욕탕에서 목욕을 하다가 부력의 원리를 발견한 아르키메데스처럼 직원들의 머릿속은 연탄에 대한 생각으로 가득 찼다. 무연탄은 유연탄에 비해 순간 화력은 떨어졌다. 그러나 연기와 그을음이 적어서 연탄의 원료로 적합한 것 같았다.

구공탄을 가정용 연료로 사용하는 집이 있는지 다시 물어보았다. 그러자 식당 주인은 잠시 골똘히 생각하다가 국제시장으로 가보라고 했다. 그곳에 무연탄을 사용해서 빈대떡을 부쳐 파는 곳이 있으니 그곳에 물어보라는 거였다. 당장 부산으로 달려갔다.

국제시장의 빈대떡 가게 주인이 무연탄을 사용하는 방법도 중국 식당 주인이 하던 방식과 비슷했다. 대신 빈대떡 가게 주인은 큰 화덕이 아니라, 숯불을 넣어 쓰던 풍로에 구공탄이 들어갈 수 있도록 개조한 점이 달랐다. 빈대떡 가게 주인은 풍로 안에 무연탄으로 만든 구공탄을 넣고 그 위에 프라이팬을 올려놓고 빈대떡을 만들어 팔고 있었다.

빈대떡 가게 주인으로부터 구공탄을 난방용으로 쓰는 가정집을 알아냈다. 물어물어 찾아간 가정집에서는 구공탄을 아궁이 속에

집어넣어 온돌을 덥히는 난방용으로 쓰고 있었다. 간단한 방법으로 난방을 해결하고 있는 걸 보니 너무 신기했다. 구공탄을 누가 개발했는지 물어보았다. 집주인의 말에 의하면 연탄을 개발한 사람은 북에서 내려와 구두를 만드는 사람이라고 했다. 그러나 부산 시내를 다 뒤져도 연탄을 개발한 사람은 끝내 찾을 수 없었다.

이후 각 가정에서 연탄을 편리하게 사용할 수 있도록 연탄 풍로를 만들고 아궁이를 개선했다. 부산의 가정집에서는 연탄을 한 장만 사용했지만, 난방용으로 오래 탈 수 있도록 풍로 안에 두 장의 연탄을 넣을 수 있게 했다. 그리고 좀 더 과학적인 방법을 동원해서 아궁이 주변의 열이 새 나가지 않는 레일식을 고안해냈다. 열이 온돌에 직접적으로 전달되도록 아궁이를 길게 만들고, 연탄 화덕을 쉽게 넣어다 뺄 수 있도록 밑에 바퀴를 단 것이다.

처음부터 연탄 공장이 있었던 건 아니다. 연탄이 사람들 사이에 알려지면서 직업적으로 연탄 만드는 사람들이 등장했다. 그들은 탄가루를 지게를 지고 다니면서 즉석에서 연탄을 만들어주었다. 가루를 낸 무연탄과 흙을 연탄 틀에 넣고 망치로 세게 두들겨 압축 형태의 연탄을 만든 것이다.

대규모 연탄 공장이 생긴 것은 그 이후였다. 연탄의 원료인 무연탄은 강원도 지방에 무궁무진하게 매장되어 있었고, 그곳에서 캐 낸 무연탄은 전국에 있는 연탄 공장으로 배달되었다. 정부가 운영하던 연탄 공장이 민영화된 때는 1954년이었다. 연탄 공장들은 연

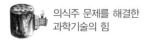

탄 수요와 함께 급격히 증가했고 1960년대 후반이 되면서 전국적으로 400여 곳으로 늘어났다.

대부분의 연탄 공장은 역 근처에 들어섰는데, 탄광에서 캐 온 석탄을 쉽게 운반하기 위해서였다. 연탄 공장이 역 근처에 있어야 하는 이유 중에는 '저축탄'도 있었다. 당시 탄광에서는 겨울이 되면 석탄 공급을 중단했다. 그러다 보니 각 연탄 공장에서는 여름에 미리 석탄을 사서 비축해야 했다. 서울 시내에는 그 많은 저축탄을 쌓아서 보관할 마땅한 장소가 없었다. 그래서 정부는 비교적 공간이 넓은 역 근처에 연탄 공장을 허가했다. 삼표연탄이나 삼천리연탄, 대성연탄, 한일연탄 등 대규모 연탄 공장들은 다 그때 들어선 공장들이다.

그런데 공장에서 연탄을 찍어내기 시작하면서 더러 품질이 나쁜 연탄이 등장했다. 연탄을 규격화한 것은 그런 이유에서였다. 연탄 상용화를 위해 정부에서는 석탄 공사와 공업 연구소에 의뢰해 표준형 연탄을 개발했다. 일반적인 가정용 연탄은 높이 14.2센티미터, 지름 15센티미터, 무게 3.6킬로그램, 1킬로그램당 열량은 4,600~4,800킬로칼로리로 정했다. 그리고 300밀리미터 높이에서 떨어뜨렸을 때 깨지지 않아야 한다는 조건을 붙였다.

연탄이 타는 시간도 계산했다. 세밀하게 관찰한 결과, 보통 한 장의 연탄이 타는 시간은 열두 시간 남짓했다. 그것도 연탄 화덕의 공기구멍을 최대한 활짝 열어놓으면 더 빨리 타고, 적당히 조절하면 천천히 탔다. 시간이 정확하지 않다 보니 구멍 수를 획일화하는 게 필요했다.

연탄은 뚫려 있는 구멍 수에 따라 9공탄, 19공탄, 22공탄, 25공탄 등으로 불린다. 구멍 수가 가장 작은 9공탄은 1950년대 초반에 잠깐 나왔다가 사라지고, 1955년 이후부터는 그보다 화력이 높은 19공탄으로 바뀌었다. 당시 표준치로 정해놓은 19공탄이 연소되는 시간은 열두 시간 정도였다. 그러나 실제로는 그보다 훨씬 빨리 타서 하루에 서너 번은 갈아줘야 했다. 나무를 땔감으로 사용하던 때와는 비교할 수 없을 만큼 편리했지만, 그만큼 불편한 점도 감수해야 했던 것이다.

우리나라 각 가정에 취사와 난방을 동시에 해결해준 획기적인 발명품인 연탄은 그렇게 해서 탄생했다. 그리고 연탄은 다소 불편한 점만 감안하면 간편하게 사용할 수 있다는 이유로 소비 인구도 점점 확산됐다. 만약 연탄으로도 노벨상을 수여할 수 있다면 최초의 연탄 개발자는 당연히 노벨상 감이었을 것이다.

그러나 연탄을 새로운 에너지로 받아들이면서 방심한 부분이 있었다. 연탄이 타면서 발생하는 일산화탄소 문제였다. 당시에는 연탄 값을 아끼기 위해 한방에 모여 자다가 일가족 모두가 떼죽음을 당하는 일도 많았다. 겨울철이면 연탄가스에 중독되어 사망한 사람들의 기사가 하루가 멀다 하고 지면을 장식했다.

연탄가스 중독사를 막기 위해 등장한 것이 연탄보일러였다. 연

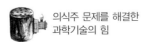

탄보일러에서 가열된 온수를 난방 공급관을 통해 각 방의 코일에서 방열한 후, 환수관에 모인 물을 순환 펌프로 돌리는 하향 배관 방식이었다. 연탄보일러와 함께 개발된 것이 연탄가스 배출기였다. 플라스틱으로 만든 연탄가스 배출기는 연통 윗부분에 설치해서 사용했는데, 날씨가 저기압일 때 빠져나가지 못한 일산화탄소가 문틈으로 들어오는 것을 방지하기 위한 장치이다.

연탄가스 사고를 줄이기 위한 이런 저런 노력 덕분에 가스 중독사는 전보다 훨씬 줄어들었다. 그러나 연탄가스에 대한 두려움이 워낙 큰 탓인지 연탄보일러 이용률은 그다지 높지 않았다. 할 수 없이 가수이자 코미디언이었던 송해 씨가 무료로 광고에 등장한다. 그는 '연탄보일러를 사용하면 죽지 않는다'며 열심히 광고했고, 덕분에 많은 공동 주택과 개인 주택에서 연탄보일러를 사용하게 되었다.

그런데 연탄가스를 해결하고 나자 이번에는 연탄재가 문제였다. 겨울철이면 집집마다 내놓은 연탄재가 산더미처럼 쌓이면서 각 시도마다 쓰레기 처리 문제로 고민에 빠졌다. 급기야 연탄재를 재활용한 벽돌이 만들어졌다. 연탄재에 점토와 시멘트, 카바이트를 섞어 틀에 넣고 압축해 만든 재활용 벽돌은 붉은 벽돌에 비해 생산원가도 28퍼센트 더 저렴했고 가벼우면서도 단단했다. 서울시 토목 시험소에서는 재활용 벽돌을 시험한 결과 일반 시멘트벽돌보다 강도가 두세 배 높다고 발표했다.

각 시도에서는 당장 연탄재 수거에 열을 올렸다. 연탄재 1킬로 그램으로 재활용 벽돌 한 장이 만들어졌다. 서울시에서 배출되는 연탄재 3백만 톤이면 재활용 벽돌 300장을 만들 수 있었다. 재활용 벽돌은 건축자재나 인테리어용으로 팔려나갔다. 겨울마다 골칫거 리였던 연탄재는 그처럼 귀한 건축자재로 재탄생했다.

석탄 붐이 한창이던 그때만 해도 석탄은 우리나라 최고의 땔감 이자 자원이었다. 탄광 근처에 사는 개들조차 입에 만 원짜리 지폐 를 물고 다닌다고 할 정도로 호황이었다. 우리나라 방방곡곡에 매 장되어 있는 석탄을 캐내어 공급하는 것이 석탄 공사의 주요 임무 였는데, 1년 예산으로 수천억 원이 집행되고, 투입되는 기계들도 수없이 발주될 정도였다.

그러나 석탄은 정부가 에너지 정책을 유류로 전환하기 위해 울 산에 정유공장을 건설하면서 내리막길을 걷기 시작했다. 때마침 정부의 정책이 주탄종유主炭從油에서 주유종탄主油從炭 즉, 주 연료를 석탄에서 유류로 전환하면서 무연탄 생산량은 더욱 감소되었다.

석탄이 다시 인기를 얻은 때는 1973년, 제1차 석유파동이 일어 나면서부터였다. 유류파동으로 석유 값이 오르면서 사람들은 연료 비가 덜 드는 석탄이나 연탄 쪽으로 눈길을 돌렸다. 그러자 각 가 정과 공장에서 석탄 소비가 갑자기 늘어났다. 그러나 생산은 수요 를 따라잡지 못했고, 급기야 연탄 파동으로 이어졌다. 연탄이 품귀 상태가 되고 가격도 급등했다. 거기에 배달료까지 인상이 되면서

의식주 문제를 해결한
과학기술의 힘

매점매석하는 사람들이 생겼다.

당시 대구에서는 하루 평균 무연탄 소모량이 3,000톤 정도였는데, 유류파동 직후 갑자기 4,000톤으로 규모가 늘어났다. 계속해서 연탄 수요가 늘어나자 외상 거래가 없어지고, 일부 업자들은 연탄 값에 배달료를 더 얹어 받았다. 전국적으로 이런 행태가 벌어졌지만 안타깝게도 탄광에서는 늘어나는 공급에 맞출 만큼 시설과 인력이 구비되어 있지 않았다.

화순탄광만 해도 정부의 주유종탄 정책에 밀려 500여 명의 광부를 감원하고 생산량도 연간 31만 톤으로 줄인 상태였다. 그런데 에너지 위기로 갑자기 연탄 수요가 급증하면서 전남 내에 있던 150여 개의 연탄 공장으로부터 평소의 3배가 넘는 3만 8,000톤이나 주문이 들어왔다. 그러나 여건상 최대 공급량인 1만 톤 정도밖에 생산할 수 없었다. 그러자 정부에서도 석탄 생산이 수요를 따라가지 못한다는 사실을 인정하고 '주유종탄'에서 다시 '주탄종유' 정책으로 바꾸었다.

이제 우리나라 산업의 원동력이 되었던 석탄은 점점 줄어들고, 1989년까지도 332곳이던 탄광은 1996년 들어 11곳으로 축소되었다. 최근에는 삼척과 함백, 태백 지역에서만 소량으로 석탄을 캐고 있는 실정이다.

현재 우리나라 가정에서 연탄을 쓰는 집은 거의 없다. 경제가 발전하고 생활수준이 향상하면서 천연 에너지로 바뀌고 있기 때문이

다. 이제 앞으로 우리가 쓰는 에너지는 점차 신재생에너지로 바뀔 전망이다. 신재생에너지란 수소에너지, 연료전지 등 신에너지와 폐기물 에너지, 태양에너지, 풍력 에너지, 바이오 에너지, 지력·수력·풍력 에너지 등 친환경적인 재생에너지를 통칭한 것이다. 그동안 인류가 의존해온 화석연료는 지구 오염원인 탄소 배출이 문제였는데, 그나마도 수십 년 내에는 고갈될 조짐이다. 이런 시점에서 신재생에너지는 선택이 아닌 필수가 되고 있다.

그러나 아무리 시대가 바뀌어도 부정할 수 없는 것은 연탄의 발명이야말로 에디슨이 전기를 발견한 것만큼이나 획기적인 사건이었다는 사실이다. 연탄 덕분에 우리나라 국민들은 한겨울 추위를 거뜬히 날 수 있었고 취사도 간편하게 해결할 수 있었다. 뿐만 아니라 연탄은 우리나라 산림녹화에도 지대한 공헌을 했다. 연탄이 발명되기 전부터 정부가 의욕적으로 추진한 우리나라 산림녹화 사업은 무려 18년 동안 계속되면서 전 세계적으로 유례없는 기적을 이루었다.

한국의 황폐화한 산림은 도저히 복구 불가능하다고 판단했던 UN에서조차 '한국은 제2차 세계대전 이후 산림 복구에 성공한 유일한 나라'라고 평가했고, 세계적인 환경 운동가 레스터 브라운은 '한국의 산림녹화는 기적이며, 개도국의 성공 모델'이라고 극찬을 아끼지 않았다. 그처럼 우리나라의 산림녹화는 세계가 인정한 성공적인 사례였고, 그것을 가능하게 한 것은 바로 '연탄'이었다.

더 편리한 생활 속으로, 전기의 보급

현대문명의 상징인 전기는 인류에게 없어서는 안 될 매우 소중한 존재다. 지금 이 시간에도 전기는 전 세계에서 일어나는 각종 소식들을 빛의 속도로 전송하고 있으며, 첨단 기술 산업을 꾸준히 발전시키고 있다. 전기가 없다면 인류는 아득히 먼 과거로 돌아가 원시적인 삶을 살게 될지도 모른다. 공장의 기계가 멈춰서면서 인간의 의식주에 필요한 모든 제품이 생산을 멈추고, 정보의 교류가 이루어지는 인터넷조차 무용지물이 될 것이다. 그처럼 현대 인류와 전기는 인체의 혈관처럼 연결되어 있다.

기록에 의하면 우리나라에 전기가 도입된 시기는 1887년 3월로 알려져 있다. 당시 미국 에디슨 전기회사에서 발전 시설과 전등을 들여와 건청궁 처마 밑에 처음으로 전깃불을 밝혔다고 한다. 조명이라고는 오직 호롱불과 촛불밖에 모르던 사람들에게 전깃불은 아마도 도깨비불만큼이나 놀랍고 생경한 존재였을 것이다. 그러나 그렇게 우리 곁으로 다가온 전기 덕분에 우리나라에서는 1899년 5월, 처음으로 전차가 운행되었다. 그리고 1900년 4월에는 종로 거리에 전등이 설치되었으며, 1901년 8월에는 진고개 근처 일본인 상가 주택가에 영업용 전등들이 설치되면서 전기사업의 막이 올랐다.

일제강점기가 끝나면서 한반도에 남은 전기회사는 발전 회사인 조선전업과 배전 회사인 경전과 남전, 서전, 북전 등 다섯 곳이었다. 당시 전국의 발전설비 대부분은 북한에 있었고, 전체 발전량의 90퍼센트를 생산하고 있었다. 남한에 있는 영월과 당인리 화력, 청평 수력 등의 발전소에서는 나머지 10퍼센트를 생산하는 정도였다. 북한은 그처럼 유리한 조건을 무기로 해방된 지 3년 만에 송전을 중단하면서 남한 경제를 대혼란에 빠트렸다.

그러나 그로부터 60년이 지난 지금은 완전히 전세가 역전됐다. 위성사진을 통해 본 북한의 밤하늘은 개성공단 쪽을 빼놓고는 완전히 암흑 그 자체이며, 남한의 밤하늘은 화려한 보석을 깔아놓은 것처럼 화려하게 빛나고 있다. 북한은 60년 전 남한이 겪었던 것처럼 극심한 전력난에 시달리고 있는 것이다.

남북 분단 당시 남한에 남아 있던 전기 발전 회사는 조선전업과 경성전기, 남선전기 등 3개 회사였다. 그러나 이들 회사는 심각한 전력난과 만성적인 적자로 회사 운영 자체가 힘들었다. 전쟁으로 생활 터전을 잃고 먹고사는 문제에 급급한 국민들에게 필요한 것은 전기가 아니라 식량이었다. 급기야 그들 3개 회사를 통합한 '한국전력주식회사'가 만들어졌다.

한국전력은 전력 설비를 보강하여 전력난 해소에 힘썼고, 1964

년부터 전국에 무제한으로 전기를 공급했다. 전력 제한이 해제되자 주춤했던 산업도 급속한 발전을 보였고, 가전기기의 보급으로 전력 수요가 급증하기 시작했다. 그러자 전기 소요량이 다른 때보다 30퍼센트 이상 늘면서 결국 1967년 하반기부터 1년 동안 제한 송전을 실시할 수밖에 없었다. 당시 가정에서 전기난로나 가전기기를 많이 쓰면 처벌을 받는 일까지 생겼다.

전기를 아끼기 위한 국민들의 노력은 눈물겨웠다. 꼭 전기를 써야 할 곳이 아니면 전기 사용을 금하고 저녁에는 일찍 전등을 껐다. 전등 하나로 부엌과 안방을 동시에 밝힐 수 있는 방법도 그때 나온 아이디어였다. 대부분의 주택에서는 마치 유행처럼 부엌과 안방 사이에 막힌 벽을 뚫고, 그 사이에 형광등을 설치해 전기를 절약했다.

그나마도 전기를 쓸 수 있는 사람들은 도시민들에 한해서였다. 전기가 들어오지 않는 우리나라 농가는 문명의 혜택을 누리지 못한 열악한 삶을 살고 있었다. 도시에서는 나라 안팎의 사정을 신문이나 라디오를 통해 실시간으로 알았지만 농촌은 거의 무지한 상태였다. 그러다 보니 한 나라 안에 살면서도 도시와 농촌은 완전히 다른 나라, 다른 민족, 다른 삶을 살 수밖에 없었다.

정부가 농민을 위해 실시한 사업 중에서 가장 획기적인 사업은 전국에 있는 모든 농가에 전기를 가설해준 것이다. 15년 동안 이어진 전기 가설 사업을 위해 투입된 자금만 해도 무려 900억 원이

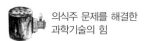
의식주 문제를 해결한
과학기술의 힘

넘었다. 그 금액은 당시 경부고속도로 건설비의 두 배가 넘는 어마어마한 액수였다. 그처럼 무리수를 두면서까지 우리나라 농가에 전기를 보급한 이유는 농민들의 삶을 질적으로 향상시키기 위해서였다.

1964년 당시, 우리나라 농촌의 전기 보급률은 겨우 12퍼센트 정도였다. 8가구의 농가에서 단 한 집만 전기를 쓰고 있었던 것이다. 그러나 처음부터 일이 순조롭게 진행된 것은 아니었다. 사업 첫해인 1965년은 5만 3,000가구에 전기를 가설하기로 했는데 3만 8,000가구에 그쳤다. 농민들이 너무나 가난했기 때문이었다. 전기를 가설하기 위한 옥내 공사비조차 낼 돈이 없을 정도로 현금 수입이 거의 없는 농가에서는 한 가구당 80달러밖에 되지 않는 전기공사비조차도 부담스러웠던 것이다.

그러자 정부에서는 법적 뒷받침이 필요하다는 생각에 1965년 12월 30일, '농어촌 전화촉진법'을 제정했다. 주요 골자는 수혜자가 부담하는 옥내 공사비를 정부에서 싼 금리로 융자해주는 대신 1년 거치 후 19년에 걸쳐 분할 상환하는 아주 후한 조건이었다. 그러나 농가에서는 그러한 조건조차도 달가워하지 않았다. 전기를 가설하고 1년이 지나서 융자금과 이자를 갚아야 하는데 그마저도 불가능할 정도로 가난했던 것이다.

정부는 농민들의 처지를 감안해 1967년 3월, 법을 개정했다. 이번에는 '1년 거치 19년 상환조건'에서 '5년 거치, 30년 상환조건'

으로 완화했다.

전기공사비를 35

년에 걸쳐서 갚도록 특

혜를 주었던 것이다. 그러나

그 법마저도 제대로 지켜지지 않았다. 정

부에서 충분한 예산 조치를 해주지 못했기 때문이다.

　결국 1968년 5월, 석유류세로 징수되는 세입액 전액을 농어촌 전화 사업비로 쓰도록 법이 제정되었다. 그 결과 석유 판매액의 30퍼센트인 100억 원 대의 막대한 자금이 농어촌 전기 가설 사업을 위해 쓰였다. 전국적으로 전기 가설 사업이 급물살을 탄 것도 그때부터였다. 새마을운동이 한창이던 당시, 많은 새마을 농가에서

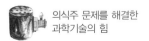

의식주 문제를 해결한
과학기술의 힘

소득 증대 사업이 성공하
면서 다른 농가들도 새마을 사업에 동참
하고자 했다. 그러나 새마을 사업은 전기 없이는 추진할 수가
없었다. 그러다 보니 전기가 없는 마을에서는 옥내 전기 가설비
를 전액 지불하는 조건으로 하루빨리 전기를 가설해달라고 요구
했다.

농어촌 전화 사업의 붐이 일어난 또 다른 이유는 농촌 출신 여자 기능공들 덕분이었다. 일거리를 찾아 도시의 공장에 취직한 그녀들은 열심히 일해서 번 돈으로 집에 전기를 가설하고, 휴가 때는 라디오를 비롯한 생활 가전용품들을 선물로 사서 가져갔다. 그것을 계기로 농어촌 전화 사업은 급물살을 타게 되었고, 1979년까지 253만 가구 전체에 전화를 가설한다는 원래의 계획보다 3년이나 앞당긴 1976년에 조기 완료되었다. 당시 계획에서 빠져 있던 도서 지방까지 가설이 모두 완료된 시점은 1978년이었다.

각 농가에 전기가 보급되면서 문화 혜택을 전혀 받지 못하던 농촌은 현대문명권 속으로 진입하는 일대 개혁이 일어났다. 교육, 사회, 문화, 복지 생활 면에서도 전기 가설은 혁명적인 변화를 일으켰다. 신문도 볼 수 없을 정도로 완전히 격리된 시골에서 라디오나 TV를 이용할 수 있게 되었다는 것은, 콜럼버스가 신대륙을 발견한 것처럼 새로운 경험이었다.

전기가 들어오자 노동 시간이 배로 늘어나면서 생산성이 향상되었고, 학생들은 밤늦게까지 향학열을 불태웠다. 다리미나 전기밥솥, 냉장고, 세탁기 등의 가전제품이 확산되면서 주부들의 가사 노동 시간도 단축되었다. 당시 농촌에서 쓰던 다리미는 주철로 만들어진 커다란 프라이팬 모양이었다. 다림질을 위해 오목하게 패인 부분에 벌겋게 달궈진 숯을 넣고 준비하는 과정도 복잡하고 시간도 오래 걸렸다. 그러나 전기다리미가 등장하면서 전기 코드 하나만 꽂으면 빠른

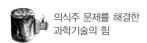

시간 내 깔끔하게 다림질할 수 있게 되었다. 그처럼 전기는 도시민과 농어촌 주민들의 생활수준을 향상시켜 삶의 격차를 줄였다.

석유 한 방울도 나지 않는 나라의 조용한 전쟁

전기가 인류의 삶에 있어서 반드시 필요한 존재라면, 석유는 그런 전기를 만들어내는 모체의 역할을 하는 자원이다. 석유의 주성분인 탄화수소는 수력발전에 필요한 물질이며, 우리 삶에 반드시 필요한 필수품을 만드는 핵심 요소이다. 찌꺼기까지 모두 활용이 가능한 석유는 기차, 비행기, 선박 등 탈것에서부터 냉난방, 온수, 섬유, 시멘트, 유리, 종이, 비료, 금속, 전기, 전자, 섬유 화학, 플라스틱 제품, 의약품, 화장품 등등 모든 것에 관한 에너지이기도 하다. 그만큼 석유 없이는 인류의 생존이 불가능할 정도다.

우리나라는 1973년 10월부터 1975년 중반까지 1년 반 동안 에너지 위기를 겪었다. 전 세계를 강타한 석유파동 때문에 우리나라는 극심한 혼란에 빠졌고, 잘못하면 국가파산까지도 감수해야 했다.

1973년 10월 6일, 제4차 중동전쟁이 일어나면서 12일 후에는 페르시아 만에 있는 아부다비에서, 미국에 대한 석유 공급을 중단 하겠다고 선언했다. 그리고 뒤이어 미국의 최대 원유 공급사이던 사우디아라비아에서도 '대미 단유'를 단행하면서 석유수출국기구 OPEC는 원유 생산량을 25퍼센트 감축하기로 결정했다. 그러자 전 세계는 마치 3차 세계대전이 일어난 것 같은 위기감에 휩싸였다. 그 와중에 석유수출국기구는 석유 소비국들을 아랍 우호국과 비우 호국으로 구분해, 우호국에 한해서만 1973년 9월 수준으로 원유를 공급하겠다고 발표했다.

당시 우리나라는 비우호국으로 분류되어 있었고, 감량 조치와 함께 우려했던 일들이 줄줄이 이어졌다. 걸프오일에서는 원유 공급을 30퍼센트 감축하겠다고 통보해왔고, 칼텍스는 10퍼센트, 유니온오일은 20퍼센트를 감량하겠다고 통보해온 것이다. 3개 회사에서 평균 22퍼센트를 감량하겠다는 것인데, 그렇게 되면 우리 경제는 당장 마비될 것이 뻔했다. 석유가 모자라면 추진하고 있던 중화학공업도 제동이 걸려 중지할 수밖에 없었다. 그러잖아도 못사는 나라에서 잘살아보겠다고 의욕적으로 추진한 사업들을 그대로 방치할 수는 없었다.

정부에서는 긴급 대책 회의를 열고 국내 석유 회사 대표들과 당시 경제수석, 비서실장을 모은 대책반을 꾸렸다. 국난에 버금가는 위기를 수습하기 위해 석유 확보 작전이 펼쳐진 것이다. 당시

이들 대책반이 파견될 곳은 우리나라에 원유를 공급하는 걸프오일과 칼텍스, 유니온오일 등이었다. 대책반은 특사 자격으로 3개석유 회사에 파견되어 원유 확보를 위한 임무를 수행해야 했다.

일제강점기 시절, 우리나라는 해외에 특사를 파견한 적이 있었다. 당시 고종은 일제의 폭력 침략을 호소하고 을사조약의 무효를 주장하기 위해 네덜란드의 헤이그에서 열리는 만국평화회의에 특사를 보냈다. 특사 일행은 만국평화회의가 끝난 이후에도 구미 각국을 돌면서 국권 회복을 위한 외교 활동을 펼쳤다. 일제강점기 때 해외로 파견된 특사가 주권 회복을 위한 임무를 맡았다면, 1973년 대한민국에서 파견된 특사는 국가파산을 막기 위한 임무를 맡고 있었다.

특사단은 미국으로 떠나기 전, 작전을 꾸몄다. 첫 번째로 미국석유 3사의 원유 공급 결정권자들을 만나 결판을 짓기 위해 걸프오일과 칼텍스, 유니온오일의 회장들에게 면회 요청을 하기로 했다. 하지만 에너지 비상사태인 상황에서 면담이 쉽지 않을 가능성에 대비해 '대통령 친서'를 전달하기로 했다.

두 번째로 작전을 수행하기 위해 우리나라 석유 공사에 파견 나온 미국 측 부사장을 동행하기로 했다. 특별히 그를 동행하기로 한이유는 원유 공급을 미국이 전적으로 맡고 있는 만큼, 에너지 사태에 대한 책임을 묻기 위해서였다.

세 번째로 작전의 첫 방문지는 걸프오일로 정하기로 했다. 당시 걸프오일은 우리나라 정유 공장의 50퍼센트를 점유하고 있는 상황에서, 무려 30퍼센트나 되는 막대한 양을 감축하겠다고 통보했기 때문이었다. 따라서 걸프오일만 잘 설득하면 칼텍스나 유니온오일도 자연히 따라 할 수밖에 없을 터였다. 더구나 걸프오일의 도시 회장은 한미경제협의회 회장이었기 때문에 우리나라에 대한 입장이 우호적일 거라는 계산도 있었다.

마침내 특사단은 미국 석유 3사에 각각 전달할 대통령 친서 세 장을 들고 비장한 각오로 비행기에 올랐다. 며칠 동안 작전을 세우느라 심한 불면증과 식욕부진에 시달린 특사단은 신경이 몹시 날카로워져 있었고, 비행기 안에서도 두통 때문에 두 손으로 머리를 감싸며 괴로워했다. 그처럼 원유 확보 작전은 처음부터 특사단의 마음에 무거운 짐을 안겼다.

그러나 막상 걸프오일 본사에 도착한 특사단은 현관에서 성조기와 나란히 나부끼는 태극기를 보는 순간, 조국을 위한 사명감과 책임감에 또다시 불타올랐다. 그들은 차에서 내리자마자 국기에 대한 경례를 하면서 조국에 대한 충성을 다짐했다.

걸프오일 회장실로 안내된 특사단은 대통령 친서를 전달했다. 그리고 그가 친서를 다 읽을 때까지 기다렸다가 우리나라의 입장을 설명했다.

그 내용은 '첫째, 우리나라는 미국이나 일본과 달리 에너지자원이 없다. 둘째, 일본은 중동 유류의 70퍼센트를 수입하고 있지만

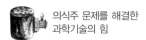

우리나라는 100퍼센트 전량을 중동에서 수입하는 것만 쓰고 있다. 셋째, 그나마 100퍼센트의 원유는 걸프를 비롯한 미국의 3개 석유 회사를 통해 공급받고 있다. 넷째, 우리나라는 원유의 대부분을 산업용으로 쓰고 있다. 중유가 55퍼센트이고, 휘발유는 7퍼센트밖에 안 된다. 원유를 자동차 연료나 난방용 연료로 쓰는 것이 아니라 산업용으로 쓰기 때문에, 석유가 없으면 우리나라의 산업은 점점 더 위축될 것이다. 다섯째, 우리나라에 있어서 기름은 곧 전력이다. 휴전 상태의 우리나라에서 군사용 기름은 절대 줄일 수 없다. 여섯째, 기름 감축은 우리나라의 경제와 사회 전반에 불안감을 조성하는 것이다. 한 달에 25달러의 급료를 받으며 하루 12시간씩 일하는 근로자들의 직장까지 빼앗는 결과다. 일곱째, 자원이 없는 우리나라는 단지 열심히 일하는 것만으로 경제성장을 이루려고 한다. 그런 노력까지 막을 수는 없다. 금년도 우리나라 수출액은 24억 달러로 작년에 비해 20퍼센트 증가를 목표로 하고 있다. 석유 문제만 해결되면 30억 달러 이상 돌파할 수 있을 것이다. 경제 자립을 위한 우리의 노력을 인식하고 한국 정부와 국민들에게 성의 있는 보답을 해달라'는 것이었다.

그 과정에서 특사단은 원유 확보 작전을 위해 동행했던 서유 공사 부사장에게 책임을 따졌다. 특히 그동안 아무 보고도 없다가 갑자기 30퍼센트 감량을 통보한 점, 걸프가 원유 공급에 대한 모든 책임을 지기로 해서 독점 계약을 했음에도 불구하고 미리미리 대책을 세우지 않은 점 등을 강하게 몰아붙였다. 그러면서 책임을 다하지 못한 그를 직무 태만이라며 비판했다. 사실 특사단은 원유 감축에 대한 불만을 걸프 회장에게 직접적으로 따질 수가 없어서 우리나라에 파견된 석유 공사 부사장을 희생양으로 삼았던 것이다.

급기야 상황을 지켜보던 걸프오일의 도시 회장은 본사의 원유 담당 사장과 상의해서 새로운 원유 공급 계획안을 발표했다. 우리나라의 요구를 들어줌과 동시에 30만 톤의 원유 수송선 한 척분을 더 추가해 특별 배정해주겠다는 계획안이었다. 기대 이상의 성과에 특사단은 잠시 긴장했다. 그러자 걸프 회장은 특사단에게 이렇게 말했다.

"나는 걸프 회사를 대표해서 내가 사랑하는 대한민국과 존경하는 박정희 대통령에게 30만 톤의 원유 수송선 한 척분을 추가해서 특별 배정합니다. 이 뜻을 대통령에게 전해주시오."

당시 걸프에서는 4/4분기 12만 8,000배럴(일당)을 공급하겠다고 했던 것보다 3만 7,000배럴이 증가된 16만 5,000배럴로 증가해 확정했다. 특사단의 석유 확보 작전 1단계가 성공하면서 전년도 4/4분기의 15만 3,000배럴보다 오히려 7.8퍼센트나 증가된 공급량을 배정받게 된 것이다.

걸프오일에서 예상외의 성과를 올린 특사단은 칼텍스와의 교섭을 시도했다. 당시 칼텍스는 쿠웨이트에서 원유를 공급받는 걸프오일과 달리 이란과 사우디아라비아에서 공급받고 있었다. 칼텍스

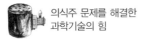

가 석유 무기화에 동조하지 않는 나라들로부터 원유를 공급받는다는 것은 그만큼 석유 확보 작전이 쉬울 수도 있다는 뜻이었다.

특사단은 걸프오일과 교섭한 결과를 전문 복사한 서류를 들고 칼텍스 본사를 찾아갔다. 그때까지만 해도 칼텍스는 걸프오일이 7.8퍼센트나 증가한 원유를 우리나라에 공급하기로 했다는 사실을 믿지 않고 있었다. 그러나 특사단이 대통령의 친서를 전달하면서 걸프오일에서 했던 것과 똑같은 방식으로 설명하자, 눈빛이 달라졌다. 그들은 '걸프오일에서 원유를 공급하는 비율만큼 칼텍스에서도 공급해준다면 문제가 해결될 것'이라는 특사단의 말을 듣고 몇 시간 동안 내부 회의에 들어갔다.

마침내 회의실 문이 열리고 칼텍스의 회장이 걸어 나왔다. 결과는 'OK'였다. 그는 걸프와 똑같은 비율을 책임지겠다고 말했다. 특사단은 그 사실을 기정사실로 하기 위해 서류로 작성하고 칼텍스 부회장의 서명을 받았다. 그 서류야말로 걸프와 교섭할 때 받아둔 서류가 칼텍스와의 교섭을 성공시켰듯이, 유니온오일과 교섭할 때 쓸 히든카드였다.

당시 칼텍스는 1973년 11월, 도착 기준 5만 8,330배럴의 원유를 공급할 계획이었다. 가동 기준 6만 4,000배럴에 비하면 상당량 미달이었다. 그렇게 남긴 원유는 다른 나라에 공급할 계획이었던 것이다. 그러나 교섭 이후인 12월에는 17만 7,000배럴의 원유를 공급하기로 했다. 처음 계획에 비하면 무려 300퍼센트 증가된 양이었다. 대신 칼텍스는 우리나라를 위해, 다른 나라에 대한 원유 공급량을 대폭 줄여야 했다.

만일 특사단이 교섭을 시도하지 않았다면 그 같은 성과는 없었을 것이다. 우리나라에 대한 칼텍스의 원유 공급량은 아마도 상상할 수 없을 정도로 줄어들었을 것이다. 그러나 특사단까지 파견하면서 도움을 호소하자 그들은 기꺼이 선심을 베풀었다. '우는 아이 젖 주면 그치'고 '두드리면 열린다'는 진리가 통한 것이다.

마지막으로 특사단이 교섭한 곳은 LA에 본사가 있는 유니온오일이었다. 특사단은 그곳에서도 걸프와 칼텍스의 교섭 결과가 적힌 서류를 보여주며 협상을 시도했다. 그러나 그들이 고심 끝에 제시한 양은 4만 배럴이었다. 당초 공급받기로 한 3만 5,000배럴에 비해 20퍼센트가 채 안 되는 양이었다. 특사단은 '유니온오일에서 20퍼센트를 삭감하기로 했으니 최소한 원상 복구는 되어야 한다'며 사장을 윽박질렀다. 그리고 우여곡절 끝에 2,000배럴을 추가한 4만 2,000배럴을 배정받게 된다. 물론 유니온오일에서도 그 같은 사실을 입증한 서류를 작성하고 사장의 서명을 받아냈다.

이렇게 우리나라는 필요한 원유를 충분히 확보할 수 있었다. 오히려 1972년보다 석유파동이 일어난 1973년, 25퍼센트가 증가한 115퍼센트의 원유가 도입된 것이다. 덕분에 우리나라는 석유 부족 없이 에너지 위기를 넘길 수 있었다.

허리케인보다 무서운
원유 파동과 에너지 위기

원유 파동 당시, 우리나라는 걸프를 비롯한 석유 회사들로부터 당장 필요한 원유를 확보하긴 했지만 여전히 불안할 수밖에 없었다. 그도 그럴 것이 석유수출국기구가 석유를 무기로 원유 가격을 점점 더 올렸기 때문이었다.

1973년 12월 24일, 아침 신문을 보던 국민들 가슴이 철렁 내려앉았다. 며칠 후인 새해 첫날부터 석유수출국기구가 원유가를 배럴당 11.651달러 인상한다는 것이었다. 더는 추가 인상은 없다는 약속과 달리 석유수출국기구는 채 한 달도 지나지 않아 원유가를 두 배 이상이나 올린 것이다. 그건 1973년 10월 16일 인상분까지 합치면 무려 네 배 가까이 인상된 금액이었다.

원유가 상승과 함께 우리나라는 최악의 경제 상황에 맞닥트렸다. 정부에서는 국내 기름 값 인상을 두고 망설였다. 기름 값 인상과 동시에 국내의 모든 물가도 고공행진을 하면서 우리 경제는 심각한 지경에 빠질 게 뻔했다. 그러나 원유 비축이 없었던 정부에서는 어쩔 수 없이 결단을 내려야만 했다.

급기야 정부에서는 종합 물가 대책을 발표했다. 석유류 가격이

41.9퍼센트가 올랐지만 국내에서는 30퍼센트 정도만 인상하는 한편, 석유가 인상으로 인해 직접적인 영향을 받는 부분만 고려해서 전기료 7퍼센트를 인상했다. 그리고 비료 30퍼센트, 나일론사 32.6퍼센트, 설탕 16.7퍼센트, 배합사료 25.5퍼센트, 전분 42퍼센트, 판유리 25.5퍼센트, 목장우유 15퍼센트, 분유 10.8퍼센트 등 8개 공산품의 가격도 인상했다. 물가 인상 조치는 사람들의 사재기 심리를 자극했다. 세탁비누와 껌, 광목, 와이셔츠, 돼지고기, 쇠고기, 설탕, 조미료 등 사소한 생활필수품까지 값이 오르면서 품귀 현상이 일었다.

1974년은 우리나라에 있어 여러모로 시련의 시기였다. 에너지 위기로 경제는 침체되고 남북 간 긴장까지 악화되어 사회적 혼란이 최고조에 달했다. 당시 우리나라는 태국과 대만, 필리핀에 이어 동남아에서 인플레가 가장 심했다. 외국에서 수입하는 물품은 1974년 한 해 동안 31.2퍼센트나 물가가 인상되었고, 전국의 도매가격도 1973년에 비해 44.6퍼센트가 오르면서 한국전쟁 이후 최고치를 기록했다. 그렇다고 근로자나 농민의 수입이 오른 것도 아니었다. 서민층은 갈수록 어려워지고 실업자가 늘어났다.

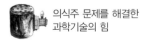

의식주 문제를 해결한
과학기술의 힘

마침내 정부 주도하에 에너지 10퍼센트 절약 운동이 펼쳐졌다. 정부에서는 영업시간을 단축하고 네온사인을 규제했다. 차량 운행을 제한하고 난방용 유류에 대한 대안이 마련되었다. 가정과 병원, 학교, 호텔 등에는 제한된 유류를 공급하고, 비축된 유류를 긴급사태가 발생하는 곳에 우선 공급하기로 했다. 유류 유통 과정에서 빚어질 우려가 있는 매점매석 행위와 가격 위반 행위는 강력 조치에 들어갔다.

당시 유류 부족으로 KAL은 국내선 10개 노선을 7개 노선으로 변경했고, 운항 횟수도 대폭 줄였다. KAL은 항공유 재고가 42만 갤런에 불과해서, 유류 공급이 원활치 않으면 4일 이내에 국제선과 국내선 모두 운행이 불가능할 정도였다. 서울의 버스 회사들도 유류 파동을 직접적으로 체감했다. 특히 답십리 방면 버스 회사의 경우, 시내버스 82대가 운행을 중지하는 바람에 출퇴근 승객들이 대혼란을 겪기도 했다.

각 공장과 아파트, 숙박업소, 목욕탕, 병원 등에서 유류 부족으로 인한 신고가 잇달았고, 석유와 관련된 사건사고가 줄줄이 이어졌다. 경유를 사용하는 보일러에 석유를 사용하다가 화재가 나기도 했고, 중유의 수송량이 줄어들자 경유를 운반하려고 탱크 내부를 청소하던 주유 트럭이 폭발해 운전자가 숨지는 사고도 일어났다. 그런가 하면 석유 회사 직원들이 경유를 빼돌려 경찰에 입건되기도 했고 암거래와 매점매석, 가격 조작으로 농간을 부리는 업자

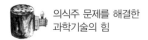
의식주 문제를 해결한
과학기술의 힘

들도 나타났다.

에너지 위기는 우리나라뿐 아니라 전 세계를 혼란에 빠트렸다. 세계 각국에서는 저마다 석유 가격을 올리고 석유 절약 운동을 펼쳤다. 우리나라도 대통령이 나서서 긴급조치 3호를 발동하고 정부와 기업, 국민 모두가 시련을 이겨내기 위해 한마음으로 뭉치자고 호소했다. 그리고 또 다른 대안으로 중동 진출 전략을 세웠다.

당시 중동 산유국들은 원유가 인상으로 달러가 넘쳐났다. 그 돈으로 경제 건설을 추진한다는 정보를 입수한 우리나라는 다른 나라보다 먼저 중동으로 진출하기 위한 전략을 세웠다. 인맥도 없고 기술력도 부족하지만 '할 수 있다'는 자신감 하나로 국내 유수한 건설 업체들이 중동 건설 시장에 뛰어들었다. 그리고 피땀 흘려 벌어들인 오일 달러로 무너져가는 국가 경제를 회생시켰다.

제1차 석유파동으로 불리는 에너지 위기는 전 세계에 허리케인보다 무서운 강펀치를 날렸다. 우리 정부에서는 또다시 찾아올지도 모를 에너지 위기에 대응하기 위한 대책 마련에 고심했다. 우선 석유 비축 문제가 거론되었다. 당시 원유를 전혀 비축하지 못했던 우리나라와 달리 남아프리카는 7~9개월분을 비축하고 있었고, 일본은 70~80일분을 비축하고 있었다.

사실 제1차 석유파동 때 우리나라가 30일분의 원유만 확보하고 있었더라도 상황은 달라졌을 것이다. 당시 걸프오일과 칼텍스, 유니온오일에서는 평균 22퍼센트의 원유를 감축했었다. 계산해보면 매달 6일분의 원유가 부족하다는 결론이 나온다. 그렇다면 30일분만 비축하고 있어도 최소한 5개월은 버틸 수 있다는 뜻이다. 우리나라는 대대적인 비축 기지 건설을 추진했다. 그 결과 2005년에는 정부에서 55.3일, 민간에서 54.9일 도합 110.2일분을 비축하게 되었다.

한편 국제 석유 재벌로부터 독립하는 문제도 거론되었다. 우리나라는 산유국과 직접 합작해서 정유 공장을 건설하는 방안을 모색했다. 그리고 1975년 10월 13일, 이란의 국영 석유 회사와 50대 50 합작으로 석유 회사를 설립했다. 현재의 SK석유다.

송배전 시설 개혁도 추진되었다. 이른바 승압 사업이다. 전기는 특성상 먼 거리를 가는 동안 손실이 생길 수밖에 없는데, 1961년 당시에는 송배전 손실이 무려 29.35퍼센트나 됐다. 생산된 전기의 약 30퍼센트가 도중에서 사라져버린 것이다. 에너지 절약을 위해서 승압 사업은 반드시 필요한 사업이었다.

승압 사업은 100볼트의 전기를 220볼트로 바꾸는 것을 뜻한다. 우리나라는 전국적으로 승압 사업을 실시해 모두 220볼트로 바꾸기까지 무려 32년이라는 시간이 걸렸다. 승압 사업에 소요된 자금도 1조 4천억 원이었고, 승압 공사에 투입된 인원도 연간 700만 명이 넘었다. 그처럼 막대한 자금과 인원을 투입해 승압 사업을 한 이유는 전기 공급 과정에서 손실되는 전력을 줄이기 위해서였다.

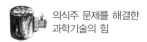

의식주 문제를 해결한
과학기술의 힘

승압 사업을 실시한 결과 각 기업과 가정에 공급하는 전력 사용 능력은 두 배로 증가되었고, 손실은 75퍼센트로 줄어들었다. 이후 우리나라의 송배전 손실률은 세계에서 가장 낮은, 선진국 수준이 되었다. 현재 우리나라처럼 220볼트를 쓰는 나라는 전 세계 70퍼센트를 넘는다. 중국은 물론 유럽에서도 220볼트를 쓰고 있다.

1970년대 후반에는 창원 기계공업 단지에서 154킬로볼트, 354킬로볼트 등 대형 변압기가 국산화되면서 송전탑 제조용 각종 철강재도 대량 생산되었다. 기술도 크게 향상되어 중동 및 동남아에 진출해서 송전탑 공사 등 대형 전기공사까지 하게 되었고, 765킬로볼트-초특고압용 모든 송전 장비도 국산화하여 수출하게 되었다.

이후 정부는 발전용 연료 전환 대책을 위해 동력 자원부를 신설하고, 석탄연료 사용을 추진했다. 다시 또 석유 위기가 닥쳐도 연료 걱정이 없도록 양수 발전소도 건설했다. 공해가 거의 없는 천연가스의 도입이 활발하게 추진된 것도 바로 그즈음이었다.

에너지 파동 이후, 정부는 원자력발전소 건설에 더욱 박차를 가했다. 원유가가 상승하면서 원자력발전비가 석유 발전비보다 훨씬 저렴하다는 결론을 얻었기 때문이다. 실제로 우라늄 1그램의 핵분열로 얻을 수 있는 원자력 에너지는 석유 9드럼, 석탄 3톤을 태울 때 나오는 에너지양과 같다.

박정희 대통령은 석유의 속박에서 벗어나고 전기세를 안정시키기 위해 우리나라 발전 시설을 원자력발전 방식으로 일대 전환하도록 했다. 아울러 원자력발전소를 건설할 때 필요한 거액의 자금과 막대한 작업량은 중화학공업 건설 사업과 연관해 해결하도록 했다. 원자력 산업과 핵연료를 국산화하고, 원자력 기술의 완전 독립은 물론 원자력의 평화적 활용에 대해서도 지시했다. 당시 핵연료는 '핵연료 공단'을 설립해서 생산하기로 했는데, 경제성은 미지수였지만 때마침 우리나라에서 우라늄 자원이 발견된 것은 그야말로 큰 행운이었다.

우리나라는 미국 웨스팅하우스 사의 도움으로 1978년 4월, 고리1호기 공사를 준공했다. 국내 최초의 원자력발전소가 세워진 것

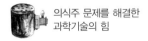

이다. 그로써 우리나라는 세계에서 21번째, 동아시아에서는 일본에 이어 두 번째로 원전 보유국이 되었다. 이어서 고리2호기, 월성발전소, 고리3호기, 고리4호기, 영광1호기, 영광2호기, 울진1호기, 울진2호기 등이 연이어 건설되었다.

이후 우리나라는 1990년대 급증하는 전력 수요에 탄력적으로 대응하기 위해 지속적인 원전 건설 정책을 펼치면서 한국형 원전 개발에 박차를 가했다. 1995년 준공된 영광 3호기와 4호기는 우리 손으로 탄생시킨 첫 번째 원전이었다. 그리고 2005년 준공된 울진 5호기와 6호기는 국내 기술진이 원전 제작에서부터 설계까지 도맡은 사업이었다. 덕분에 우리나라는 국내 원자로 핵심 설계 및 제작 기술을 강화하는 계기가 되었다.

현재 국내에서는 모두 21기의 원전이 가동 중이다. 우리나라의 원전 수는 2015년 현재 가동 중이거나 2021년 건설 예정인 원전까지 모두 합쳐서 총 32기에 달한다. 원자력발전소의 국산화 개발에 성공한 뒤 세계 5위의 원자력 산업 국가가 된 것이다. 물론 연료도 국산화해 사용 중이다. 우리나라가 한국형 원자력발전소를 북한에 건설해주기로 한 한반도에너지개발기구KEDO사업도 당시 대통령과 정부의 강한 의지가 없었다면 불가능했을 것이다.

2004년까지만 해도 우리나라가 석유로 발전하는 양은 4.8퍼센트에 불과했다. 대신 원자력은 38.2퍼센트, 유연탄은 35.9퍼센트, 천연가스는 16.4퍼센트였다. 2014년은 상황이 완전히 달라져서 석유 의존도는 1.7퍼센트에 머물렀다. 에너지 위기가 또다시 닥쳐오더라도 우리나라의 전기 발전은 아무 영향을 받지 않게 된 것이다.

그리고 2007년 8월, 북한의 개성공단에 평화변전소를 설치하면서 끊어졌던 남한과 북한의 송전선을 다시 연결했다. 남쪽에서 생산된 전기가 문산변전소를 거쳐서 개성공단에 입주한 기업들마다 공급된 것이다. 이제 우리나라의 발전량은 북한에 비해 22배가 넘고, 발전 설비와 송배전 설비 일체를 국산화하여 수출하는 나라가 되었다.

우리나라의 원자력 기술은 외국에서도 인정하고 있다. 덕분에 2009년 아랍에미리트로부터 총 47조원 규모의 원자력발전소 건설을 수주하는 성과를 올렸다. 우리나라의 원전 역사에 새로운 물꼬가 트인 것이다. 아랍에미리트의 원전 수주는 우리나라에 수백 조 원의 경제 효과와 함께 원전이 해외로 진출할 수 있는 통로가 되었다. 그동안 미국, 프랑스, 일본, 러시아, 캐나다 등 5개국만의 리그였던 원전 시장에 우리나라가 당당하게 도전장을 내민 것이다. 이러한 성과는 정권이 달라져도 역대 대통령들이 원자력 정책에 관해서만큼은 무모하다 싶을 만큼 같은 입장을 고수한 덕분이다.

그러나 원자력 정책은 정권이 바뀔 때마다 공공연하게 비판의 대상이 되어왔다. 원자력은 전기를 안전하고 저렴하게 공급할 수 있는 유일한 에너지원이면서 동시에 위험성을 내포하고 있기 때문

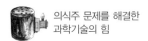
의식주 문제를 해결한
과학기술의 힘

이다. 1986년 4월, 우크라이나 체르노빌 원자력발전소 제4호 원자로에서 발생한 원전 사고와 2011년 3월, 일본 후쿠시마 현의 원자력발전소 방사능 누출 사고는 20세기 최악의 사건으로 기록되고 있다.

문제는 안전이다. 방사능 누출 사고로 이어진 참사로 각 국에서는 원전 신규 건설 및 노후 원전에 대한 가동 연장을 신중히 검토하고 있다. 우리나라도 상황은 심각하다. 일각에서는 국내 원전 중심의 에너지 정책을 대폭 개편하거나, 아예 폐기하라는 의견도 나오고 있다. 그러나 에너지 빈국이자, 총발전량의 40퍼센트를 원자력으로 해결하고 있는 우리나라로서는 원자력 이외에 다른 대안이 없다. 현재 우리나라는 자연재해뿐 아니라 테러와 외부 충격에도 견딜 수 있는 안정적인 원자력발전에 최선을 다하고 있다.

원전 해체 기술도 문제다. 우리나라는 대규모 방사능 시설에 대한 해체 기술을 아직 확보하지 못한 상태다. 우리나라보다 해체 기술이 앞선 일본도 지금까지 후쿠시마 원전 사고의 핵심인 원자로를 해결하지 못하고 있다. 우리 정부는 기계와 로봇, 화학, 원자력 시설 해체 기술을 엮은 융합 연구를 추진 중이다. 그것을 바탕으로 2021년까지 우리나라 원자력 시설 해체 기술 수준을 선진국 대비 100퍼센트 수준까지 끌어올리겠다는 계획인 것이다.

그동안 인류는 석유와 석탄을 이용한 화석연료로 전기를 일으켜 현대문명을 개척했다. 그러나 그 대가로 지구온난화 현상을 초래

하는 이산화탄소가 배출되면서 태풍과 해일, 허리케인 등으로 지구가 몸살을 앓고 있다. 게다가 화석연료는 무한 매장량이 아니어서 곧 사라질 것이다. 지구에 매장되어 있는 자원 중, 인간이 쓸 수 있는 자원은 10년에서 50년 사이에 모두 소멸될 조짐이다. 지구가 46억 년이라는 긴 시간 동안 축적해온 자원을 인류는 빠른 시간 내에 소비하고 있는 것이다. 인류가 우주로 눈을 돌리는 것도 그런 이유에서다. 지구와 가장 닮은 행성을 또 하나의 지구로 개척해서 삶의 터전을 옮기겠다는 것이다.

그런데 얼마 전, 전 세계인의 이목을 집중시킬 만한 획기적인 소식이 전해졌다. 2015년 7월 20일, 소행성 하나가 지구에서 약 240만 킬로미터 정도 떨어진 거리까지 근접한 것이다. 놀라운 것은 이 소행성이 지구 화폐가치로 무려 6조 2,000억 원이라는 천문학적인 수치에 달하는 백금을 매장하고 있다는 사실이다. 미 항공우주국이 촬영한 길이 600미터, 폭 300미터의 소행성 '2011 UW158'은 37분 간격으로 빙글빙글 회전하며 날아갔는데, 앞으로 2년 후 또다시 지구로 근접할 예정이라고 한다.

전문가들에 의하면 매년 지구에 근접했다가 지나가는 900개 이상의 소행성 중에서 금속과 니켈, 가스 등의 자원을 매장하고 있는 소행성들이 의외로 많다고 한다. 사실이라면 인류는 자원이 풍부한 소행성들을 충분히 활용할 필요가 있다. 소행성에서 천연자원 채굴이 가능해진다면 인간이 굳이 지구를 떠나 다른 행성으로 이

주할 필요는 없기 때문이다.

그러나 그 이전까지 인류는 스스로 살아남을 수 있는 방법을 찾아내야 한다. 대체에너지와 신재생에너지에 대한 연구가 활발히 전개되는 것도 그런 이유에서다. 지금 이 시간에도 세계 각국에서는 태양과 바람, 불, 바이오매스 등 지구에 존재하는 재생 가능 에너지를 이용하기 위해 연구 중이다.

최근에는 거듭된 연구에도 불구하고 만족할 만한 성과가 없던 태양에너지에 관한 희망적인 소식이 전해지기도 했다. 2015년 7월 4일, 기름 한 방울 없이 태양광 에너지로만 세계 일주에 도전한 비행기 '솔라 임펄스 2'에 대한 기사가 실린 것이다. 전 세계는 '솔라 임펄스 2'가 일본에 이륙한 지 5일 만에 태평양 횡단에 성공해 하와이에 도착했다는 소식에 흥분을 감추지 못했다. 태양에너지에 대한 관심이 다시 불붙기 시작한 것이다. 태양광 비행기는 일본 나고야에서 출발해 120시간 동안 비행한 것으로 알려졌다. 획기적인 것은, 날개에 설치된 1만 7,000개의 태양전지판으로 만든 에너지로만 비행했다는 사실이다.

실제로 바람을 이용한 풍력발전과 파도를 이용한 파력발전, 강물과 댐을 이용한 수력발전은 모두 태양에너지가 있기에 가능한 것이다. 태양은 지구가 생겨난 이래 단 하루도 빠짐없이 새로운 에너지를 보내고 있다. 한마디로 태양은 무한 재생이 가능한 에너지원이다.

문제는 태양에너지를 현실화 할 수 있는
기술력이 아직 부족하다는 것이다. 경제적
인 부담도 무시할 수 없다. 태양에너지를 얻는
데 막대한 시설비가 소요되는 반면 생산되는 에너지
는 얼마 되지 않기 때문이다. 그리고 무엇보다 태양에너지를
모으려면 넓은 공간이 필요하다. 하지만 앞으로 과학기술이 더 발
전하고 공학자들의 노력이 뒷받침된다면, 태양에너지 같은 재생에
너지만으로도 인류가 문명사회에서 퇴보하지 않고 살 수 있는 길이
분명히 열릴 것이다.

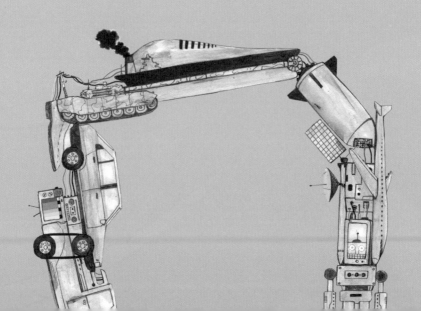

3부

공학으로 이룬 경제성장, 잘사는 나라를 만든 주인공

인류 문명을 개척한
철강 산업의 힘

인류 문명이 급격히 발전하게 된 것은 철을 만들어 사용하고 부터였다. 철은 지구상에 존재하는 수많은 재료들 중에서 유일하게 농기구와 칼을 만들 수 있는 재료다. 그렇게 철은 도구로 사용될 수 있을 만큼 우수한 성질을 가지고 있으며, 우리가 사용하는 모든 물건들은 대부분 철로 만들어졌거나 철을 함유하고 있다.

철은 예로부터 철을 다루는 기술을 가지고 있는 사람들에게 막강한 부와 힘을 제공했다. 마음만 먹으면 얼마든지 무기를 생산해내는 집단은 그 어떤 집단보다 우위에 있었고, 특별한 존재로 대우를 받았다.

우리나라의 경우 철기문화가 초절정을 이룬 때는 가야 시대였다. 당시 가야의 왕들은 양산과 동래, 마산, 진해에서 나오는 철광과 낙동강의 사철을 이용해 철을 생산해냈다. 그 철로 철칼, 쇠창, 쇠도

끼, 쇠화살촉, 쇠갑옷, 쇠침 등등을 만들었고, 철정을 만들어 화폐로 사용하기도 했고 가야 주변에 있던 부족들에게 팔기도 했다.

백제도 철 기술이 발달한 나라로 무기와 농기구 등 다양한 형태의 철기를 만들어냈고, 일본에 철 기술을 전수했다. 실제로《일본서기》에는 근초고왕이 일본 사신에게 철제 40장을 주었다는 기록이 있다. 당시 근초고왕은 무사 집단인 마한 소국을 정복한 뒤 그들의 철기 제작 기술로 칠지도를 만들게 해 왜왕에게 하사했다. 1600년 전, 일본으로 건너가 일본의 국보가 된 칠지도는 그렇게 탄생한 검이다.

한편 신라도 철을 다루는 우수한 나라였다. 신라인들은 풍부한 철광석과 철 생산 시설을 바탕으로 7세기 삼국을 통일했다. 발달한 철기 문화가 삼국 통일의 원동력이 된 것이다. 신라에서는 철기를 소유한 집단이 새로운 지배 계층으로 떠올랐고, 철기를 다루는 장인들은 쉽게 신분 상승을 이루었다. 그처럼 철은 한 국가의 국력을 좌우할 정도로 영향력이 막강했다.

철은 근대로 오면서 산업혁명을 이루는 최고의 동력원이 되었다. 면직 공업에서 출발한 산업혁명 덕분에 철을 이용한 많은 기계들이 발명되었고, 증기기관의 등장과 함께 제철업, 석탄 산업, 기계공업이 눈부시게 발달했다. 그리고 증기기관차가 다닐 수 있는 철도와 철교 건설 붐이 일면서 철로 만든 레일이 대량으로 생산되었다. 그처럼 19세기는 철강 산업과 함께 비약적으로 발전했다.

철강 산업은 기계와 자동차, 조선, 건축 등 주요 산업의 원자재를 공급하는 기간산업으로서 우리나라 중화학공업의 선도적인 역할을 해왔다. 우리나라의 제철공업은 1970년대 이후 포항과 광양에 종합 제철소가 건설되면서 우리보다 100년이나 앞선 선진국 수준을 뛰어넘었다. 그 결과 우리나라 철강 생산량은 2014년 기준, 세계 5위를 기록했다.

우리나라는 반만년을 이어온 가난에서 벗어나고자 경제 발전에 전력을 기울였다. 1962년부터 제1차 경제개발 5개년 계획을 시작으로 거침없이 앞만 보고 뛴 것이다. 그로부터 10년간 우리나라의 경제성장률은 연 평균 8.8퍼센트에 이르렀다. 제2차 세계대전 이후 세계에서 가장 높은 수치였다. 이후 제3차, 제4차 경제개발 5개년 계획 기간에도 지속적인 성장이 이루어졌다. 순전히 중화학공업을 집중적으로 육성한 덕분이었다.

당시 정부는 연간 60만 톤 규모의 철강 생산이 가능한 종합 제

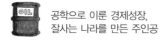
공학으로 이룬 경제성장,
잘사는 나라를 만든 주인공

철소 건설을 계획했다. 그러나 그처럼 원대한 계획을 성사시키기 위해서는 거대 자본이 필요했다. 정부는 필요 자금을 세계은행과 미국 수출입은행에서 빌리기로 했다. 그러나 그들은 경제성 없는 사업에 돈을 빌려줄 수 없다며 단번에 거절했다. 고민하던 정부는 일본으로부터 자금을 끌어들이기로 했다. 이른바 한일 국교 정상화다.

1964년 3월, 한일 국교 정상화 회담이 열리자 많은 국민들이 반대하고 나섰다. 특히 야당과 학생 중심의 시위대가 결사적으로 반대하며 시위를 벌였다. 과거 식민지 시절 일본에게 당한 압박과 설움은 그렇게 극렬한 행동으로 표출되었다. 그러나 한일 국교 정상화는 계속해서 추진되었고, 1965년 6월 22일 동경에서 한일 기본 조약이 조인되었다. 그리고 그해 12월 18일, 양국 국회의 비준을 얻으면서 한일 국교 정상화가 이루어졌다. 한일 협정은 전후 세계사에서 가장 길었던 외교 협상 가운데 하나였다.

일본은 한일 기본 조약에 따라 무상 공여 3억 달러, 유상 차관 2억 달러를 각각 10년에 걸쳐 제공하기로 했고, 민간 차관 3억 달러도 제공하기로 합의했다. 그렇게 얻은 돈으로 포항제철, 지금의 포스코가 탄생했다. 결국 포항종합제철은 일본으로부터 받은 자금으로 건설된 것이다.

1970년 4월, 포항 영일만에 제철소가 착공되면서 한국 기술진으로 이루어진 연수단이 일본에 파견됐다. 당시 그들은 일본 제철소의 어마어마한 규모에 압도되었다. 커다란 용광로에서는 쇳물이 펑펑 솟아오르고, 모든 과정이 기계화되어 움직였다. 그들은 고로에서 쇳물이 나오는 경이로운 광경을 넋을 잃고 바라보았다. 일본은 제철소뿐 아니라 초고속철인 신칸센을 보유하고 있었고, 국민들은 첨단 과학기기를 사용하며 문화생활을 하고 있었다.

일본의 눈부신 발전을 눈으로 목격한 연수단의 마음은 착잡했다. 그들은 일본에 비해 거의 100년은 뒤떨어진 우리나라를 떠올렸다. 특히 여전히 배고프고, 여전히 열악한 삶에서 벗어나지 못하는 순박한 국민들의 모습이 파노라마처럼 눈앞을 스쳐 지나갔다. 그들의 마음은 약속이라도 한 듯 하나로 뭉쳤다. 반드시 우리나라에도 일본처럼 큰 제철소를 세워 경제 발전을 이루고 말겠다는 마음이었다. 연수단은 밤을 새워가며 고로 기술을 배웠다. 당시 일본은 계약상 명시된 기술은 공개했지만 신기술은 공개하기를 꺼렸다. 그래서 연수단은 일본의 신기술을 어깨너머로 배우고, 곁눈질로 베꼈다.

이후 열연 공장이 착공되면서 제철 공장 건설은 더욱 박차를 가했다. 1971년에는 공사가 3개월 동안 지연되기도 했다. 그러나 3개월 후부터는 밤낮을 가리지 않고 무모하다 싶을 만큼 공사에 임했다. 제철소 건설에 참여한 사람들은 '실패하면 눈앞에 보이는 바다에 빠져 죽겠다'는 각오로 임했다.

어쩌면 자본도 기술도 없던 우리나라가 제철소 건설을 한다는

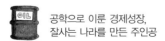
공학으로 이룬 경제성장,
잘사는 나라를 만든 주인공

자체가 불가능에 대한 도전이었다. 그러나 건국 이래 최대의 프로젝트였던 제철소 건설은 성공적이었다. 1973년 7월, 연간 103만 톤 규모의 생산능력을 지닌 공장이 준공된 것이다.

첫 고로가 완성되어 불을 지피던 순간, 고로를 바라보던 모두의 얼굴에 걱정스러운 표정이 역력했다. 과연 고로에서 쇳물이 쏟아질 것인지 모두들 숨을 죽이고 바라보았다. 만에 하나 대일 청구 자금으로 만든 고로에서 쇳물이 나오지 않는다면 그야말로 낭패였다. 제철소 건설에 관련된 모든 사람들은 선조들이 뿌린 피의 대가를 저버린 민족의 반역자로 낙인찍힐 게 뻔했다.

그러나 잠시 후, 그런 우려를 말끔히 잠식시키는 폭발적인 굉음과 함께 시뻘건 쇳물이 힘차게 쏟아져 나왔다. 동시에 그 자리에 있던 모두가 만세를 부르며 환호했다. 비로소 우리나라에 '산업의 쌀'로 불리는 철강 산업의 막이 오르는 순간이었다. 이후 첫 고로는 지금까지 40년간 24시간 가동하면서 4,750만 톤에 이르는 쇳물을 생산해냈다.

철은 탄소의 함유량에 따라 순철, 선철, 강으로 불린다. 탄소가 전체의 1.7퍼센트 이상 함유되면 선철이고, 0.035퍼센트 미만 함유되면 순철로 분류된다. 강은 그 중간이다. 철은 탄소가 적게 들어 있을수록 부드럽고 잘 늘어난다. 그러나 탄소가 많으면 무겁고 강하다. 강한 철은 부서지거나 부러지기 쉽다. 그래서 철은 특성에 따라 주방 용품에서부터 초대형 빌딩과 우주선까지 다양하게 쓰인다.

인류가 철을 사용할 수 있다는 것은 그야말로 엄청난 축복이다. 게다가 철은 지구에서 얼마든지 얻을 수 있다. 세월이 갈수록 인류가 사용하는 대부분의 자원은 고갈될 조짐을 보이고 있다. 그러나 철의 재료인 철광석은 앞으로 수백 년을 더 쓸 수 있을 만큼 매장되어 있고, 설사 고갈되더라도 얼마든지 재생이 가능하기 때문에 거의 무한 자원에 속한다.

철은 철광석에서 산소를 제거해서 만드는 방법과 고철을 녹여서 재사용하는 방법이 있다. 지금은 점차 기술이 발전해 환원된 철에서 불순물을 제거하는 공정을 거쳐 더 우수한 성질의 철강이 생산되고 있다. 그에 따라 철을 사용한 자동차와 선박, 잠수함 등의 기능도 더 향상되고 있다. 각종 기계와 전기 제품, 주방 용품까지 철로 대체되고 있는 실정이며, 플라스틱이나 알루미늄으로 주종을 이루었던 음료수 용기조차도 철제 제품으로 생산해내고 있다.

2015년 6월 현재, 포스코는 철강 제품 생산 누계 8억 톤을 기록했다. 8억 톤은 중형 자동차 8억 대를 만들 수 있는 양이며, 동시에 30만 톤 초대형 원유 운반선 2만 척을 제조할 수 있는 엄청난 양이다. 우리나라는 1인당 철 소비량이 세계 최대에 이른다. 세계 제일의 생산능력을 보유한 조선 산업과 더불어 점점 스마트한 기술로 발전하고 있는 자동차 산업은 국제경쟁력을 갖춘 철강 산업 덕분에 가능한 것이다.

인류의 역사와 함께 철의 역사도 계속될 것이다. 철의 역사가 계

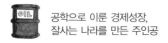
공학으로 이룬 경제성장,
잘사는 나라를 만든 주인공

속된다는 것은 철강 재료의 성능이 꾸준히 개선되어 각 산업 분야의 발전에 지속적인 영향을 미친다는 의미다. 철은 모든 금속 중에서 유일하게 인체에 유해하지 않은 재료다. 더구나 재활용이 쉽고 회수 과정에서 화학 처리를 하지 않아도 되기 때문에 새로운 오염 물질을 배출할 위험도 없다. 그처럼 철은 환경적인 측면에서도 경쟁력을 가지고 있으며, 수많은 장점들 덕분에 앞으로 인류 문명에 더 크게 기여하게 될 것으로 보인다.

우리가 사용하는 거의 모든 제품을 만드는 석유화학 산업

이 세상에 석유화학 산업이 없었으면 어떻게 되었을까? 아마도 인류의 삶은 상당히 고되고 따분했을 것이다. 최근에 개발된 스마트 안료는 실생활에 사용하는 가전제품에 접목되어 매우 재미있는 상황들을 연출하고 있다. 예를 들어 흔히 사용하는 전기 포트에 빨간색 스마트 안료를 바르고 열을 가하면 점점 노란색으로 변한다. 물이 끓는 소리가 들리지 않아도 전기 포트의 색깔만 보고도 물이 끓는 지점을 알 수 있게 된 것이다.

이처럼 석유화학 산업은 날이 갈수록 상상 그 이상으로 발전하고 있다. 이제 스마트폰도 충전이 완료되면 원하는 색깔로 바뀌고, 전기담요도 과열되면 특정한 색으로 바뀌는 기술도 개발될 것이다. 그동안 단순히 색깔만 내던 염료가 첨단 소재의 스마트 안료로 바뀌면서 사람들은 더 안전하고 마법처럼 즐거운 삶을 살 수 있게 된 것이다.

석유화학 산업은 석유 및 천연가스를 원료로 화학제품을 생산해내는 기초 소재 산업이다. 자동차, 건설, 전자, 섬유, 생활용품을 비롯해 비료, 농약, 페인트, 화장품, 세제 등 인간의 의식주에 필수적인 소재를 공급하며 생명공학과 정보통신, 항공우주 등 첨단 산업에 기초 소재를 공급하는 중요한 산업이다. 모든 산업에 필요한 원료와 소재를 생산해내는 석유화학은 '모든 산업의 씨앗'일 수밖에 없다. 좋은 씨앗이 발아되어 싹을 틔우고 풍성한 열매를 맺듯이, 석유화학 산업도 인류의 삶을 풍요롭게 하기 위한 씨앗으로서 최고의 품질과 안정적인 제품 생산으로 산업 발전에 기여하고 있다.

석유화학 공정은 상당히 복잡하게 이루어진다. 플랜트 하나를 만드는 데도 유기화학자와 화학공학자, 기계공학자, 건축학자, 컴퓨터 전문가, 경영 전문가에 이르기까지 여러 분야의 전문 인력을 필요로 한다. 그리고 플랜트가 완성되면 석유를 정제해서 LPG, 항공유, 가솔린, 디젤, 나프타, 벙커-C유, 아스팔트 등 수많은 유류

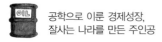

제품을 만들어낸다. 벤젠, 톨루엔, 자일렌, 수소, 그리스grease도 석유화학 재료들이며 플라스틱과 고무, 섬유 재료도 석유로 얻어진다. 모두가 현대 산업에 없어서는 안 될 필수 재료인 것이다.

따지고 보면 우리가 실생활에 사용하는 모든 제품이 석유화학제품이라고 해도 과언이 아니다. 의류에서부터 컴퓨터와 TV에 들어가는 플라스틱, 타이어와 공에 들어가는 고무, 가방과 자동차 시트에 들어가는 인공 가죽, 비료, 염료, 의약 등도 모두 석유에서 나온 것이다.

석유화학 산업이 발전하면서 가장 획기적인 발견은 플라스틱이다. 창조주가 세상 만물을 창조할 때 유일하게 빼먹은 물질이 플라스틱이라는 말이 있듯, 플라스틱은 인류에게 있어 없어서는 안 될 중요한 존재다. 만일 플라스틱이 없었더라면 여전히 사람들은 돼지 털로 만든 칫솔을 사용하고, 돼지 오줌통으로 만든 공을 차며, 별다른 오락거리 없이 살았을 것이다.

플라스틱은 이쑤시개나 물병을 비롯한 간단한 생활용품부터 비행기와 우주선에 이르기까지 고도의 기술을 요하는 분야로 영역을 넓히고 있다. 현재 전 세계에서 생산하는 석유의 3퍼센트가 플라스틱으로 바뀔 만큼, 만들어지는 제품의 종류도 엄청나다.

석유화학 산업으로 지구에 등장한 플라스틱은 인간의 삶을 크게 변화시켰다. 동물의 가죽이나 뼈, 나무로 만들어졌던 생활용품들이 플라스틱으로 대체되고, 의식주에 필요한 제품들이 플라스

틱으로 만들어지면서 인간의 삶은 한층 편해지고 여유로워졌다.

특히 합성섬유의 대명사이자 인류 최초의 인조섬유인 나일론은 수천 가지 용도로 사용되고 있다. 우리가 입는 옷부터 바이올린이나 기타에 사용되는 현, 배드민턴과 테니스 라켓 줄, 낚싯줄, 낙하산, 우주복, 로프, 각종 공구에도 사용된다.

나일론의 등장은 섬유 산업에 일대 혁명을 가져오기도 했다. 질기고, 가볍고, 다양한 색깔과 무늬로 멋을 낼 수 있었던 나일론은 1950~1960년대 우리나라 사람들이 가장 선호하던 옷감이었다. 당시에는 나일론으로 치마저고리를 해 입고, 셔츠를 맞춰 입는 것이 유행이었다. 더구나 나일론은 세탁도 쉬웠고 빨아 널면 금방 말랐다. 지금은 오히려 천연섬유가 각광을 받고 있지만 당시 나일론은 그야말로 꿈의 섬유였다.

우리나라는 제2차 경제개발 5개년 계획의 일환으로 석유화학 공업단지 건설이 본격적으로 추진되면서 석유화학 산업이 시작되었다. 그리고 1964년, 대한석유공사의 정유 공장이 가동되고 원료인 나프타를 국내에 공급하게 되면서 석유화학공업은 급신장세로 접어들었다.

나프타는 휘발유와 제트유 등의 제조 원료와 석유화학공업용으로 사용되는데, 일부는 암모니아 비료와 용제용 원료로 사용된다. 석유화학 산업은 나프타를 원료로 하여 에틸렌, 프로필렌, 부타디엔, 벤젠, 톨루엔, 크실렌 등을 생산하고 이를 기초로 다시 농업용 필름과 인쇄잉크, 합성고무, 합성섬유, 합성수지, 염료, 의약품 등 광범위한 분야의 제품을 만들어낸다. 그처럼 나프타는 석유화학공업 분야에 없어서는 안 될 매우 중요한 원료이다.

1966년, 우리나라에서 처음으로 생산된 폴리염화비닐 즉 PVC 덕분에 우리 농가에 비닐 시트가 보급되었다. 농가에서는 비닐 시트로 인해 이모작이 가능하게 되었고, 점차 진화를 거듭한 비닐하우스는 각종 특수작물 재배에 없어서는 안 될 존재로 자리 잡았다. 최근에는 비닐하우스에 온도와 습도 센서 등을 설치하고, 인터넷을 연결하고 스마트폰을 통해 원격으로 재배 시설을 제어하는 지능형 농장도 생겼다. 비닐 덕분에 우리 농촌이 첨단 농업으로 거듭나고 있는 것이다.

우리나라의 석유화학 산업은 1967년 여수에 호남정유가 들어서고, 1969년 인천에 경인에너지가 들어서면서 기반을 다졌다. 이와 함께 제1차 경제개발 5개년 계획 기간 중 추진되었던 여러 공장들이 가동하면서 석유화학공업은 점차 더 발전해나갔다. 섬유를 비롯한 요업과 제지 등 화학 관련 산업이 늘어나자 1968년 3월, 울산 석유화학단지 건설이 추진되었다. 그리고 1970년에 이르러 대한석유공사가 울산 정유공장 내에 석유화학의 방향족계 원료인 BTX(벤젠과 톨루엔, 크실렌)공장 가동을 시작했고, 1972년 10월에는 에틸렌 기준 연간 10만 톤 생산 규모의 나프타 분해공장과 계열 공장 9곳이 가동됐다. 마침내 생산 기반이 대량생산

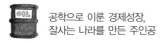

체제로 돌입하면서 기초 유분에서부터 최종 제품까지 생산이 가능해진 것이다.

정부는 산업구조를 발전시키기 위해 중화학공업 육성책을 발표했다. 그에 따라 많은 기업들이 계속해서 공장을 신설하거나 증설했다. 당시 정부가 중화학공업화를 이루는 데 있어 중요하게 생각한 업종은 산업기계와 조선, 수송기계, 철강, 화학, 전자 분야였다. 이들 분야는 집중적으로 개발될 필요가 있었기 때문에 화학 플랜트, 발전소, 조선, 자동차 등 종합 기술 공업과의 유기적인 결합이 필요했다.

여천 석유화학공업 단지는 그런 이유로 건설되었다. 당시 정부가 여수 쪽에 화학공업 단지를 건설하게 된 것은 여러 가지 입지 조건을 구비하고 있었기 때문이다. 우선 온난다우로 기후 조건이 좋고, 바람이 서북쪽으로 불기 때문에 공해 문제 측면에서도 양호하고, 교통 면에서도 우수하며, 공업용수 확보가 용이했다.

마침내 1979년 10월, 에틸렌 기준 연간 35만 톤 규모의 나프타 분해 공장을 포함한 5개사 12개 공장으로 이루어진 여천 석유화학공업 단지가 준공되면서 시설 능력이 크게 확장되었다. 이후 부분적으로 시설을 확대해서 에틸렌의 경우 1989년 말 연간 66만 3,160톤, 폴리에틸렌 63만 6,880톤, 폴리에스테르섬유 65만 4,337톤, 합성고무 13만 9,704톤을 생산해냈다. 그러나 발전을 거듭하던 석유화학공업은 제2차 석유파동으로 침체기를 거치고, 1980년 세계 경제가 회복되는 시점과 맞물리면서 다시 성장세를 타기 시작했다.

2014년, 우리나라 석유화학 산업은 에틸렌 환산 생산능력 연간 850만 톤으로 세계 4위를 차지했다. 그리고 생산량의 55.1퍼센트를 수출하면서 318억 달러의 무역 흑자를 기록했다. 석유화학 산업이 수출 효자 종목으로 자리 잡은 것이다. 아울러 석유화학 제품의 중국 수출 비중은 50.3퍼센트로 국내 주력 산업인 디스플레이와 반도체에 이어 3위를 차지했다.

그러나 2015년에 이르러 석유화학 산업의 중국 내 수출 의존도가 높다 보니 '차이나 리스크'를 극복하기 위한 노력이 눈물겹다. 저유가 효과와 함께 중국 경기가 살아나면서 수요가 증가하긴 했지만, 중국의 성장 둔화와 석유화학 산업 자립으로 인해 경쟁력이 약화되었기 때문이다. 그로 인해 일부에서는 새로운 거래처로 동남아 시장을 공략해야 한다는 의견이 나오고 있다.

지금까지 석유화학 산업은 우리나라 경제 발전에 중추적인 역할을 해왔다. 석유화학 산업이 현재의 위기에서 벗어나 미래 산업으로 도약하기 위해서는 무엇보다 새로운 제품을 만들어 국제경쟁력을 갖추어야 한다. 고부가가치 제품을 개발하고 다른 나라와 차별화된 마케팅 전략을 구사해야 하는 것이다.

SK종합화학의 경우, 고순도헵탄을 만들어 2014년 중국 시장 점유율 1위를 차지하기도 했다. 고순도헵탄은 LCD TV, 모니터, 의

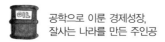

약품 제조에 두루 활용되는 고부가가치 화학제품이다. 국내를 비롯한 중국과 일본, 유럽 등지에 판매되고 있는데, 처음 중국 시장에 내놓았을 때는 긍정적인 기대를 할 수 없을 정도로 반응이 싸늘했다. 그러나 시장의 정보를 파악하고, 제품의 우수성을 알리기 위해 꾸준히 노력한 결과 좋은 성과를 거둘 수 있었다.

흔히 화학공학을 일러 공학계의 팔방미인이라고 한다. 그처럼 화학공학은 관련되지 않은 분야가 없을 정도로 다양하게 응용된다. 화학공학은 식량 부족으로 어려움을 겪던 당시 비료를 대량으로 생산해내면서 식량문제를 해결했고, 삼백 산업으로 일컬어지는 설탕과 밀가루, 방직 산업에 투입되어 산업을 일으켰다.

현재 화학공학은 생명과학, 정보 기술, 나노 기술과 접목되어 다양한 신소재와 다기능 제품에서 부가가치를 창출하고 있다. 특히 생명공학 기술을 이용한 바이오산업은 무형의 가치가 투입된 고부가가치의 첨단 산업이다. 피 한 방울로 유전자 검사를 하고, 암을 비롯한 다양한 유전 질환에서부터 희귀 난치성 질환까지 정확한 진단과 예측이 가능하게 된 것도 화학공학의 힘이다. 유전정보를 분석하려면 작은 반도체 칩에 모든 분석 기능이 포함된 바이오칩이 필요한데, 그 칩들이 모두 초미세 화학 공정으로 제조되기 때문이다.

뿐만 아니라 화학공학은 차세대 디스플레이 구현에도 한몫하고 있으며, 오염된 환경 복원과 미래 에너지 개발에도 일익을 담당하고 있다. 오존층 파괴의 주범인 염화불화탄소 대체 물질을 개발하는가 하면 이산화탄소 저감 처리 기술도 개발해냈다. 저공해 고효율의 차세대 에너지원인 연료전지와 휴대용 배터리도 화학공학에 의해서 만들어진다. 그런가 하면 나노 기술의 핵심에도 화학공학이 있다. 나노 기술은 생명공학 기술, 정보 기술, 환경 에너지 기술 등 어느 분야에도 적용될 수 있기 때문에 엄청난 경제적 부가가치를 낼 수 있다.

그처럼 화학공학은 기존의 석유화학으로부터 점점 고차원적인 분야로 영역을 넓히고 있다. 우리나라의 석유화학 산업이 환경적으로 커다란 변화를 겪고 있는 지금, 화학공학에 거는 기대도 크다. 능력 있는 공학도들에 의해 점점 더 고차원인 화학 기술이 개발된다면 21세기를 주도하는 나라는 분명 우리나라가 될 거라는 믿음이 있기 때문이다.

황금알을 낳는 거위, 미래를 걷는 전자 산업

19 47년 12월 23일, 전자공학 분야에서 기술혁명으로 불리는 일대 혁명이 일어났다. 미국의 벨 연구소에 근무하던

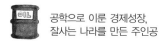

공학으로 이룬 경제성장,
잘사는 나라를 만든 주인공

과학자들이 트랜지스터를 개발한 것이다. 트랜지스터가 개발되기 이전까지는 크고 무거운 진공관을 이용한 제품을 사용했다. 그러나 트랜지스터가 발명되면서 진공관보다 속도는 빠르되 에너지 소모가 적고, 크기도 이전보다 훨씬 작은 제품을 만들어낼 수 있게 되었다.

트랜지스터에 이어 발명된 집적회로는 장비의 성능을 더 크게 향상시켰다. 트랜지스터를 연결하는 복잡한 전선들을 제거하면서 전자 장비는 훨씬 더 작아졌다. 덕분에 1962년에는 집적회로를 이용해 아폴로 우주선에 탑재할 수 있는 소형컴퓨터가 개발되었다. 전자 문명이 지금처럼 발달한 것은 반도체 산업의 비약적인 발전 덕분이다. 반도체 기술 발전으로 전자 제품의 크기와 무게는 줄어든 대신 연산 능력은 향상되었다. 현재 1킬로그램도 안 되는 고성능 노트북이 등장한 것도 반도체 기술이 혁신적으로 발전했기 때문이다.

마이크로프로세서로 불리는 작은 기적의 칩 덕분에 휴대용 계산기와 마이크로컴퓨터 같은 가볍고 실용적인 최첨단 기기들이 생산되었다. 공업용 로봇과 자동차, 전화, 텔레비전, 냉장고, 청소기, 세탁기를 비롯한 가전제품에 마이크로프로세서가 들어가면서 인간 사회에도 일대 변화가 일어났다. 인간이 하던 일을 기계가 하고, 지구 반대편에서 일어난 소식도 실시간으로 알게 된 것이다. 불과 30년 전만 해도 전혀 상상하지 못했던 일들이다.

이제 우리는 외출 중에도 스마트 폰으로 보일러나 가전제품을 자유롭게 조정할 수 있게 되었다. 깜빡 잊고 끄지 않은 TV를 집 밖에서도 끌 수 있고, 에어컨이나 보일러를 가동해 온도를 조절할 수 있게 된 것이다. 멀리 떨어진 가족의 건강도 실시간으로 체크할 수 있고, 자동차와 결합하여 위치 정보 확인은 물론 사고 시에는 재빨리 대처할 수도 있게 되었다.

우리나라에서는 트랜지스터가 발명되고 나서 12년 후, 최초의 라디오가 등장했다. LG전자의 전신인 금성사에서 만든 A-501이 그것이다. 라디오 가격은 2만 환으로 일반 근로자들이 받는 월급의 거의 열 배에 해당하는 거액이었다. 그러다 보니 지금 우리가 비싼 자동차나 가전제품을 할부로 사듯이 당시에는 라디오를 할부로 구매하기도 했다. 라디오뿐만 아니라 다른 가전제품들도 비싸기는 마찬가지였다. 국내 기술 없이 외국에서 부품을 들여와 조립하는 가전제품은 거의 수입품이었기 때문에 비쌀 수밖에 없었다.

그처럼 라디오는 워낙 고가품이어서 잘 팔리지는 않았지만, 우리나라 전자공업을 발전시킨 중요한 계기가 되었다. 라디오 부품을 거의 생산하지 못하던 당시 스위치와 트랜스, 소켓 등을 우리 손으로 개발해서 생산할 수 있었기 때문이다. 우리나라의 라디오 부품 국산화율은 무려 60퍼센트에 이르렀다. 덕분에 라디오 가격을 수입산보다 3분의 2정도 수준으로 내릴 수 있었다.

진공관 라디오를 조립 생산하던 1959년부터 브라운관 흑백 TV를 단순 조립으로 생산해내던 1960년대야말로, 우리나라 전

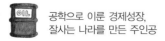

공학으로 이룬 경제성장,
잘사는 나라를 만든 주인공

자 산업의 태동기였다. 이후 1970년대에 접어들면서 정부의 수출 장려 정책과 더불어 전자 제품의 수요가 증가하기 시작했다. 이때부터 컬러TV와 라디오 카세트, 전자교환기 등이 본격적으로 생산되었다.

우리나라는 1956년 미국 RCA사가 출자하여 설립한 HLKZ-TV 방송사가 최초로 흑백TV 방송을 시작했다. 컬러TV 방송이 시작된 것은 1980년 12월 1일부터였다. '수출의 날' 기념행사를 컬러TV로 방송하려고 했지만 공교롭게도 그날은 일요일이었다. 그래서 하루 뒤에 열린 제17회 '수출의 날' 기념식 실황 중계를 컬러로 방영한 것이다.

당시에는 컬러TV가 있는 집이 별로 없었다. 그래서 많은 사람들이 추운 날씨에도 불구하고 컬러TV 방송을 보겠다고 전국의 전자 제품 대리점으로 몰려드는 진풍경이 벌어졌다. 흑백에서 컬러로 전환된 방송은 사실감이 극대화되어 사람들을 화면으로 집중시키는 마력이 있었다.

그때까지 아시아에서 컬러TV 방송을 하지 않은 나라는 네팔과 라오스, 우리나라뿐이었다. 하지만 우리나라에서 컬러TV 방송이 늦어진 까닭은 기술력이 없어서가 아니었다. 당시 대통령은 사치 풍조를 조장하고 위화감을 일으킨다는 이유로 컬러TV 방송을 금했다. 그러자 한국산 컬러TV의 90퍼센트를 수입하던 미국이 제동을 걸었다. 미국은 한국 내에서 팔지 않는 컬러TV 수출을 문제 삼아 한국산 컬러TV 수입량을 30만 대로 줄였다.

결국 정부는 1979년, 국내에서도 컬러 TV를 판매하라는 지시를 내렸다. 흑백에서 컬러로 TV가 전환되면서 대중문화에도 엄청난 영향을 끼쳤다. 점차 개인의 개성과 생활 방식이 중시되고 다양성을 인정하는 분위기로 바뀌게 된 것이다.

우리나라의 전자공업 육성 방안은 1969년부터 1976년까지 8년에 걸친 장기 계획이었다. 이에 소요된 사업 추진 자금만 해도 5,000만 달러였다. 당시 '대통령관심사업'으로 분류된 전자공업은 급신장하면서 수출이 증가했다. 1968년 전자 제품 수출액은 1,944만 달러였고, 목표 년도인 8년 후에는 10억 3,600만 달러를 기록했다. 8년 만에 53배의 증가율을 보였으며, 목표량인 4억 달러에 비해 무려 250퍼센트의 성과를 올린 것이다.

이후 1980년부터 1990년까지는 국내 굴지의 재벌들이 경쟁적으로 전자 산업에 뛰어든 시기였다. 당시 국내에서는 반도체 생산이 가능해지면서 전자 산업의 해외 기술 의존도가 점차 줄어드는 추세였다. 따라서 전자 산업은 국내에서 주력 산업의 자리를 차지하게 되었고 반도체와 휴대폰, 디스플레이와 같은 고급 제품들이 생산되기 시작했다. 삼성과 LG에서 국제적으로 인정받는 제품들을 생산하기 시작한 것은 2000년대부터였다.

우리나라의 전자 산업은 삼성 이병철 회장의 혜안과 결단력 덕분에 발전했다고 해도 과언이 아니다. 그만큼 그는 반도체 산업이

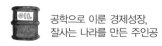

야말로 미래를 위해 반드시 해야만 하는 사업이라 믿고 과감하게 추진한 인물이었다.

1983년 1월, 삼성이 실리콘밸리에 파견했던 조사팀이 이병철 회장에게 보고서를 제출했다. 향후 5년간 시설 투자비 4,400억 원, 연구 개발비 1,000억 원을 투자하면 첨단 기억소자와 마이크로프로세서를 연간 1억 개 이상 생산할 수 있다는 내용이었다. 보고서를 검토한 이병철 회장은 바로 다음 달, 일본으로 건너갔다. 반도체 전문가와 기업인들을 만나 정보를 얻기 위해서였다.

반응은 부정적이었다. 그도 그럴 것이 당시 반도체는 생산원가에도 못 미치는 적자 상태를 유지하고 있었기 때문이었다. 그러나 이병철 회장의 생각은 달랐다. 반도체 산업은 위험을 감수하기에는 투자 규모가 너무 컸지만 반드시 해야 할 사업이었다. 자원 빈국인 우리나라에서 기업이 국제경쟁력을 가지려면 부가가치가 높은 첨단 기술 사업에 뛰어드는 방법이 최선이었다.

호텔로 돌아온 이병철 회장은 밤새 고민에 빠졌다. 그리고 마침내 결단을 내린 이병철 회장은 다음 날 아침, 〈중앙일보〉 사장에게 전화를 걸었다. 그는 '삼성이 반도체 사업에 진출한다는 사실을 2월 15일자 신문에 발표해 대내외에 공식적으로 알려달라'고 말했다. 그리고 일본에서 곧바로 귀국한 이병철 회장은 삼성전자 임직원들에게 6개월 안에 VLSI^{Very Large Scale Integration}(초 대규모 집적회로) 공공장을 짓도록 지시했다.

그는 공장이 완료되고 6개월 후, 반도체 64K D램 개발에 착수하겠다는 구체적인 계획까지 제시했다. 한국의 반도체 산업은 그렇게 세계시장에 첫발을 내디뎠다. 여기서 D램은 반도체 기억소자를 말한다. 주기적으로 재충전해주면 기억이 유지되기 때문에 컴퓨터의 기억소자로 가장 많이 쓰인다.

우리나라에서 최초로 반도체소자가 생산된 때는 1965년이었다. 당시 외국 업체들이 전수해준 반도체 기술은 극히 초보적인 수준이었다. 따라서 거창하게 기술 전수라는 용어를 쓴다는 것조차 무의미할 정도였다. 본격적인 반도체 개발은 1970년대 말, 정부 출연 연구소를 중심으로 한 반도체 IC 기술 개발 체제가 들어서면서부터였다.

반도체를 산업으로 육성하기 위해서 필요한 것은 대규모 투자였다. 그러나 경제 부처와 경제학자들은 국제경쟁력이 없다는 이유로 투자 지원을 반대하고 나섰다. 과학기술처와 상공부, 삼성, 금성 등에서는 전자 산업의 발전을 위해서 반도체 산업을 키우는 것이 필수라고 맞대응했다. 그 결과 1982년, 반도체 공업 육성위원회가 만들어졌다. 그리고 1983년 '정보 산업 및 반도체 공업 육성위원회'로 발전하면서 반도체 산업을 적극적으로 지원하기에 이르렀다.

1983년 12월, 삼성은 64K D램을 자체 개발하여 시험 생산에 성공하는 쾌거를 올린다. 우리나라가 미국과 일본에 이어 세계에서 세 번째로 메모리 반도체 개발 국가가 되는 역사적인 순간이었다. 한국산 메모리 반도체는 경쟁력을 갖춘 품목으로 당당히 세계시장에 뛰어들었다. 이후 현대그룹에서도 경기도 이천에 반도체 공장을 준공했고, 금성사도 메모리 반도체 산업에 진출했다. 이를 계기로 우리나라 반도체 산업은 성장 가도로 접어들었다.

1985년 11월에는 금성반도체가 1메가 비트롬 개발에 성공했다. 1986년 7월에는 삼성반도체가 1메가 D램 개발에 성공했고, 1988년 2월에는 4메가 D램 개발로 일본과의 기술 격차를 6개월로 좁혔다. 그처럼 우리나라는 세계 3대 반도체 강국으로 급부상하면서 1992년부터 반도체 분야 수출 1위를 고수하고 있다.

한편, 우리나라가 지금처럼 IT강국이 된 배경에는 카이스트도 있다. 박정희 대통령은 가난한 현실을 벗어나 잘살 수 있는 길은 오직 기술을 개발하는 것이라고 믿었다. 그래서 선진국의 대학과 연구소에 근무하고 있던 우리나라의 젊은 과학자 17명에게 러브콜을 보냈다. 그들은 유명 대학교 교수이거나, 노벨상 수상자와 함께 연구에 임하던 과학자들로서 세계 과학기술계의 유망주들이었다. 그런 그들이 대한민국의 산업 발전을 위해 부와 명예를 포기하고 속속 귀국길에 올랐다.

한국으로 돌아온 그들은 1966년 설립한 카이스트에서 원천 기술을 연구 개발하며 한국 근대화의 기초를 다지는 데 지대한 공을 세웠다. 당시 그들에게 제시된 조건은 파격적이었다. 최첨단에 속하던 중앙 냉난방 아파트 한 채를 무료로 주고, 국내에는 도입되지 않았던 의료보험을 미국 회사와 계약해서 들어주었다. 급여는 당시 대학교수 급여의 세 배를 지급했다. 그러나 그들이 한국에서 받았던 급여는 미국에서 받던 급여에 비하면 4분의 1 수준에 불과했다.

베트남 파병 대가로 세워진 카이스트는 국가 발전을 위한 종합 연구소로, 1970년대 우리나라가 중화학공업을 육성할 수 있는 토대가 되었다. 특히 카이스트의 초창기 멤버들은 철강, 조선, 화학 산업의 필요성을 절감하고 대형 제철소와 조선소 건립 계획을 세웠다. 그래서 만들어진 것이 포항제철과 현대조선소였고, 1980년 KBS에서 최초로 컬러TV 방송을 시작할 수 있었던 것도 카이스트에서 컬러TV를 국산화한 기술 덕분이었다.

이후 카이스트는 전자 제품의 핵심 부품, 트랜지스터, 반도체 웨이퍼, 광섬유, 리모컨TV 등을 국산화로 이끌면서 우리나라 전자산업을 핵심 산업으로 이끌어갔다. 그리고 2000년대 이르러 로봇 시스템과 바이오, 에너지, 환경 등으로 연구 분야를 재편하고 본격적으로 연구 성과를 내기 시작했다.

최근 카이스트의 전기전자공학과 연구팀은 눈동자를 인식해서 증강 현실을 구현할 수 있는 스마트 안경을 개발했다. '증강 현실'은 사용자가 특정 사물을 바라보면 그와 관련된 가상의 이미지가 겹쳐서 영상으로 나타나는 기술이다. 공룡이 나오는 책을 보면서 백악기의 공룡이 실제로 살아 움직이는 듯한 체험을 할 수 있고, 현실의 공간에서 가상의 적들을 만나 싸우는 게임도 즐길 수 있다.

스마트 안경 'K-글라스2'는 기존의 'K-글라스1'에 눈동자만으로 기능을 작동할 수 있는 사용자 환경을 추가했다. K-글라스2가 구글 안경과 다른 점은, 구글 안경이 오른쪽 상단의 작은 반투명 창만 사용할 수 있었던 데 비해 두 눈을 모두 활용할 수 있다는 점이다. 해상도는 HD급으로 고화질을 자랑한다.

K-글라스2는 눈동자만으로 스마트 기능을 쓸 수 있다는 특징이 있다. 눈동자로 커서를 움직이고 눈을 깜빡이면서 아이콘을 클릭하는 형태다. 프랑스의 소설가 베르나르 베르베르의 소설《뇌》에도 사지가 마비된 장애인이 눈동자를 움직여 컴퓨터를 조종하는 내용이 나온다. 그처럼 'K-글라스2'는 정상인들보다 장애가 있는 사람들에게 더 큰 도움이 될지도 모른다.

2015년 6월, 카이스트는 자체 개발한 '휴보'가 미국에서 열린 세계 최대 규모의 재난 로봇 경진 대회에서 우승하면서 기술력을 인정받았다. 우리의 기술력이 미국이나 일본보다 결코 뒤처지지 않았다는 사실을 입증한 것이다.

이처럼 우리나라가 한강의 기적으로 불리는 경제성장을 이룬 것은 과학기술의 눈부신 발전이 있었기 때문이다. 그리고 그 내면에는 1960년대 설립된 카이스트와, 개인의 영광보다는 국가를 위해 헌신한 과학자들이 있었다. 그들 덕분에 오늘날 우리가 과학적인 풍요를 마음껏 누릴 수 있게 된 것이다.

이제 과학은 점점 더 빠른 속도로 발전하고 있다. 지금 이 순간에도 어느 연구실에서는 우리가 전혀 상상하지도 못했던 첨단 과학기술이 개발되고 있을 것이며, 눈 깜빡할 사이에 실용화 단계를 거쳐 모습을 드러낼 것이다. 3D 프린터만 해도 날이 갈수록 진화를 거듭하면서 의수와 의족까지 만들어내고, 최근에는 자동차까지 만들어내는 기염을 토했다. 2015년 하반기에는 밀가루와 초콜릿

공학으로 이룬 경제성장,
잘사는 나라를 만든 주인공

등을 원료로 각종 음식을 출력해내는 이른바 '푸드 프린터'까지 출시될 계획이라고 한다.

공상과학영화 중에도 첨단 신기술로 만든 장비들이 대거 등장하는 영화가 있다. 2012년 상영된 〈프로메테우스〉는 인간이 외계인과의 유전자조작을 통해 탄생한 생명체일지도 모른다는 근거로, 서기 2085년 함장과 고고학자, 과학자들로 이루어진 탐사대가 우주 행성으로 떠난다는 내용이다. 영화에서 탐사대는 2년 동안 냉동 수면 상태로 우주 탐사선 '프로메테우스'에 탑승해 목적지에 도착하는 순간 깨어난다.

이 영화에서 경이로운 것은 첨단 과학기술이다. 우선 냉동 수면실의 경우, 지금의 냉동 캡슐보다 훨씬 더 과학적이며 진보적으로 설계되어 있다. 그리고 지하 동굴을 탐사하는 탐사 대원들의 슈트에도 최첨단 기술이 집약되어 있다. 마치 하나의 피부처럼 가볍게 밀착되는 착용감, 오염 물질로부터 완벽하게 보호하는 기능은 지금 당장 개발해도 될 듯하다.

방향 센서가 달려 있어서 동굴 전체를 자동으로 스캔하는 붉은 공 모양의 무인 탐사 스캐너도 압권이다. 볼 스캐너는 스캔한 자료를 탐사선 안에서 홀로그램으로 보여준다. 덕분에 탐사선 안에 가만히 앉아서 대원들의 위치와 전체적인 방향을 좌표로 확인할 수 있다. 무인 수술기기도 놀랍고 신기하다. 수술대에 누우면 의사와 간호사 없이 정밀 진단을 하고 수술에 들어간다. 아마도 무인 수술기기가 개발되면 의사의 과실은 물론 의료사고 문제도 훨씬 줄일 수 있을 것이다.

그처럼 앞으로 전개될 미래 사회는 우리가 공상과학영화에서나 볼 수 있었던 모든 것이 실현될지도 모른다. 실제로 우리가 먼 미래에나 개발이 가능할 거라고 믿었던 로봇은 이미 오래전에 개발되어, 인공지능을 갖춘 로봇으로 거듭나고 있는 상황이다. 이제 인간보다 더 인간적인 고지능 로봇이 조만간 인간 사회에 등장하게 될 날도 머지않은 것이다. 그 모든 것을 가능케 할 주인공은 지금 이 순간 공학도의 꿈을 위해 열심히 달리고 있는 미래의 공학자들이다.

다양한 기술이 모여 만든 기간산업, 자동차 산업

조용하던 시골 마을이 갑자기 시끌벅적해졌다. 마을에 나타난 포니 자동차 때문이다. 포니는 서울에 살고 있는 이장의 둘째아들이 몰고 온 자동차였다. 밭일을 하다가 몰려든 사람들은 날렵하게 뻗은 차체와 튼튼한 바퀴를 연신 손으로 쓰다듬었고, 아이들도 신기하다는 듯 클랙슨을 빵빵 울려댔다. 포니 옆에 있던 이

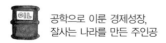
공학으로 이룬 경제성장,
잘사는 나라를 만든 주인공

장의 아내는 물걸레를 들고 사람들이 손으로 만진 부분을 걸레로 닦아내기에 바빴다.

포니가 마을에 나타난 이날은 마을의 잔칫날이기도 했다. 이장은 아내에게 닭이라도 몇 마리 잡으라고 일렀고, 급기야 저녁 무렵 닭개장과 막걸리를 곁들인 조촐한 잔칫상이 마련됐다. 사람들은 포니를 옆에 두고 음식을 먹으며 서울에 가서 출세한 이장의 아들을 부러워했고, 그런 아들을 둔 이장 부부를 부러워했다. 그러고는 자신의 아이들도 모두 서울로 보내서 출세시켜야겠다는 희망에 부풀었다.

우리나라에 포니 자동차가 출시되던 당시의 상황을 약간의 허구와 함께 묘사해본 이야기이다. 그만큼 포니는 우리 손으로 만든 첫 번째 차라는 자부심과 국민들로 하여금 '마이카'의 개념을 심어준 최초의 자동차였다.

우리나라에 처음으로 자동차가 등장한 것은 1903년이었다. 당시 고종 황제를 위해 미국 공관을 통해 들여 온 어전용 캐딜락 승용차 한 대가 최초였다. 이후 해방이 되면서 외국의 자동차 모델을 조립하는 방식으로 자동차를 생산하기 시작했는데, 이른바 '시발 자동차('시발始發'을 한글로 풀어 '시바―ㄹ'이란 로고를 사용했다)'가 그것이다. 1955년부터 미군 군용 지프를 개조해서 만든 '시바―ㄹ' 자동차는 1962년 생산이 중단될 때까지 약 3,000대가 판매됐다.

　그리고 시발 자동차가 자취를 감춘 도로를 '새나라' 자동차가 점령한다. 일본 닛산의 블루버드 부품을 수입해 조립한 새나라 자동차는 시발 자동차와 달리 외형이 세련되고 성능도 향상된 차였다. 새나라 자동차는 1962년 11월부터 1963년 5월까지 2,700여 대를 조립해 판매했다. 그리고 1975년, 현대자동차가 최초로 '포니' 자동차를 고유 모델로 생산하면서 자동차 생산량이 급증했다.

　우리나라의 자동차 산업이 본격적으로 발전한 때는 1973년부터

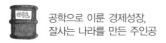
공학으로 이룬 경제성장,
잘사는 나라를 만든 주인공

였다. 당시 박정희 대통령은 중화학공업화를 통한 자동차 산업 육성 계획을 발표하고 1980년대 초까지 연간 50만 대의 자동차를 생산하고 수출하라는 지시를 내렸다. 이후 정부는 자동차 부품 공장을 한 품종당 한 곳씩 창원 공업기지에 입주시켜 국제 규모로 성장시키고 수출할 수 있도록 키워갔다.

자동차 생산 업체는 현대, 대우, 기아, 아세아 등 4개 업체가 있었다. 정부는 아세아자동차를 군용 차량 전문으로 개편하고, 그곳에서 생산되던 피아트 승용차를 기아자동차에서 생산하도록 했다. 그로 인해 자동차를 생산하던 회사는 4개 업체에서 3개사로 재편되었다.

우리나라의 고유 모델인 포니는 자동차 산업 육성 계획에 따라 국산화에 성공했다. 당시 열악한 산업 수준의 한국에서 고유 모델의 자동차를 만든다고 하자 여기저기서 말도 안 되는 소리라며 비난이 들끓었다. 그러나 자동차 산업이야말로 선진국으로 가는 지름길이었기에 결코 포기할 수는 없었다.

우리나라는 고유 모델 개발 자체를 이탈리아 디자인 회사에 맡기고 국내 설계팀을 이탈리아로 보내서 자동차 개발 과정을 배우게 했다. 그러나 외국어로 된 과정을 모두 이해할 수 없었던 설계팀은 보고 들은 내용을 무작정 노트에 필기했다. 그리고 자동차가 어떻게 시작해서 어떻게 만들어지는지 전혀 알지 못하는 상태에서 마치 퍼즐 맞추듯 설계와 디자인을 배웠다.

국내 현장 기술자들도 개발 과정을 모르기는 마찬가지였다. 그들이 외국에서 수입한 생산 설비를 이해하기까지는 오랜 시간이 걸렸다. 기술자들은 책에도 나오지 않는 문제들을 해결하기 위해 외국 엔지니어들에게 물어보면서 차근차근 기술을 익혀갔다. 우리나라 최초의 고유 모델 포니는 그렇듯 쉽지 않은 과정을 거쳐 만들어진 차였다.

포니가 완성되어 실험 주행하던 날, 자동차 개발에 참여했던 기술진은 숨을 죽이며 상황을 지켜보았다. 과연 시동이 제대로 걸리긴 할지, 가다가 멈추지는 않을지 온 신경이 집중되었다. 그러나 포니는 그런 우려를 잠식시키며 힘차게 남산 길을 주행했다. 포니는 세상에 나오자마자 날개 돋친 듯 팔려나갔고, 택시 운전사들이 가장 선호하는 차가 되었다.

우리나라 최초의 국산차 포니는 한 기업의 성과를 넘어 전 국민의 자랑이었다. 세련된 외관의 포니는 부의 상징이자 선망의 대상이기도 했다. 사람들은 포니 앞에서 가족사진을 찍어 기념으로 남겼고, 시골에 고향이 있는 사람들은 자랑삼아 차를 몰고 내려갔다. 당시 외국에서도 대한민국은 몰라도 포니는 알 정도로, 포니는 외교 사절 역할까지 톡톡히 해냈다.

포니는 1974년 10월 30일, 이탈리아 토리노 자동차 박람회에 출품되면서 한국을 전 세계에 알렸다. 우리나라는 세계에서 아홉 번째, 아시아에서 두 번째로 자동차 고유 모델을 만든 나라가 되었다. 이후 포니는 1976년 에콰도르에 6대 수출을 시작으로 아프리카와 중동 등지로 수출되었다. 당시 수출되었던 포니는 30년이 지난 1997년까지 에콰도르의 한 시에서 택시로 사용되고 있었다. 사용한 지 21년이 지난 포니는 총 주행거리가 150만 킬로미터에 달했는데도 불구하고 상태가 양호했다. 최초의 국산차 포니는 그만큼 튼튼하게 만들어진 차였다.

이후 우리나라 자동차 생산은 1976년부터 급격히 증가하고 수출도 개시되었다. 1977년 8만 5,210대였던 생산 대수는 1978년 15만 8,958대로 증가했고, 1979년에는 20만 4,447대로 늘어났다. 3년간 62.4퍼센트에 이르는 평균 증가율을 기록한 것이다. 당시 우리나라 자동차 산업은 대호황을 맞고 있었다. 그 여세가 지속된다면 대통령이 중화학공업 정책 선언에서 약속한 대로 1980년대 초에 이르면 50만 대 생산이 가능해 보였다.

그러나 정권이 바뀌면서 중화학공업의 통폐합 작업이 시작되었고, 국제경쟁력이 없다는 이유로 자동차 업체들도 통폐합하기에 이르렀다. 승용차 생산 공장을 모두 합쳐서 한 공장으로 만들면 국제 경쟁 단위가 된다는 것이었다. 그러나 통폐합 조치는 오히려 자동차 업계의 불황을 낳았고 혼란만 가중했다. 승용차 생산은 1979년 11만 2,314대에서 1980년대에는 5만 5,926대로 50퍼센트나 감소했다.

결국 업계가 반발하면서 6개월이라는 시간을 허비하게 되었고, 빈사 상태인 자동차 업계를 일으켜 세우기 위해 정부는 자동차 통합 조치를 해제했다. 그 뒤부터 자동차 시장은 조금씩 숨통이 트였고, 1981년부터 점차 생산량이 증가하면서 4년이 흐른 후에야 1979년 수준으로 회복되었다. 이후 우리나라의 자동차 산업은 1998년 IMF위기로 인해 구조 조정을 겪는 아픔을 겪었지만 곧 회복되었다.

2014년 세계 자동차 생산 자료를 분석한 결과, 우리나라 자동차 생산 대수는 452만 대로 10년 연속 자동차 생산국 5위를 지키고 있다. 지난 50여 년간 현대와 기아차가 수출 시장 개척을 통해 국내 생산을 대폭 확대시킨 결과였다. 우리나라는 유럽이나 미국 등 자동차 선진국에 비해 50년이나 늦은 역사를 가졌음에도 불구하고 많은 자동차를 생산해내는 나라가 되었다. 현재 우리나라는 인구 3명당 자동차 한 대씩 보유하고 있다. 미국은 1.5명당 1대, 유럽은 2.2명당 1대이다. 그리고 누적 생산 차량 8,000만대 중 74퍼센트는 국내 공장에서 생산하고 있는 실정이다.

한편, 자동차 수가 기하급수적으로 늘어나면서 환경문제와 대기오염 문제가 심각하게 대두되고 있다. 이산화탄소를 배출하는 자동차가 지구온난화의 주범으로 낙인찍히자 환경의 심각성을 깨달은 국가들이 의기투합해 '교토의정서'를 체결하기도 했다. 1997년 155개국이 모여 체결한 교토의정서에는 자동차가 배출하는 이산화탄소 발생량을 줄이기 위해 국가 간 지켜야 할 가이드라인이 포함되어 있다.

지금 세계 각국에서는 오염 없는 미래 자동차 개발에 심혈을 기울이고 있다. 특히 전기차 개발이 한창인데, 우리나라는 전기차에서 가장 중요한 부분인 배터리 분야에서 세계 최고의 기술력을 보유하고 있다. 우리나라 배터리 수준이 톱클래스에 속하게 된 이유는 20년 전부터 가능성을 보고 꾸준히 투자한 결과다.

우리나라의 전기차 배터리는 BMW나 크라이슬러 같은 굵직굵직한 회사들을 고객사로 꾸준히 선두를 달리고 있다. 중대형 전기차 배터리 분야는 LG화학이 시장을 선도하는 상황이다. LG화학은 2009년부터 전기차용 배터리를 생산하면서 현대와 기아, 제너럴

모터스, 포드, 폭스바겐, 르노, 볼보 등 20여 개 자동차 기업을 고객사로 두고 있으며, 현재 중국 난징에 10만 대 이상의 전기차용 배터리를 공급할 수 있는 대규모 공장을 건설 중이다.

그런가 하면 세계 최대의 모바일칩 제조업체인 퀄컴은 선 없이 전기차를 충전하는 기술을 확보했다. 차를 충전판에 올려놓으면 충전이 되고, 스마트 앱을 통해서 실시간 충전 상태를 확인할 수 있다. 퀄컴은 무선 충전 기술도 선보였다. 차가 달릴 때도 무선으로 충전할 수 있도록 해서 배터리 무게를 줄이겠다는 것이다. 사실 배터리는 값이 비싸고 무거우며 에너지가 많이 소요되는 단점이 있다. 그런 점에서 퀄컴의 무선 충전 방식은 충전판을 바닥에 까는 시설비가 많이 들긴 하겠지만, 단점보다는 장점이 많은 획기적인 개발임에는 틀림없다.

전기차에 대한 관심은 중국도 뜨겁다. 중국 선전 시내에서는 1,000대가 넘는 푸른색의 순수 전기 택시가 주행 중이며, 700여 대의 전기 시내버스가 운행하고 있다. 전기차를 충전하기 위해 10층짜리 충전 타워를 세우고 동시에 자동차 400여 대를 급속 충전할 정도다. 우리나라가 배터리 분야에서 세계시장을 점유하고 있긴 하지만 결코 안심할 수 없는 이유는 그런 중국 때문이다. 지금 중국은 여러 분야에서 추격전을 벌이고 있지만 특히 자동차 분야의 경우 일본을 앞선 상태다. 게다가 중국산 배터리는 가격 경쟁력이 높고 기술력도 향상되어 있다.

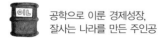

공학으로 이룬 경제성장,
잘사는 나라를 만든 주인공

그처럼 치열한 전기차 시장에서 선두를 지키려면 우리나라는 몇 배의 노력을 더 기울여야 한다. 최근 들어 우리나라는 친환경 자동차 시장을 확대하고 미래의 교통 환경에 대응할 수 있는 초소형 전기차 개발에 박차를 가하고 있다. 그 결과 2015년 말까지 승용차 2,955대, 버스 75대, 화물차 60대 등 총 3,090대의 전기 차량을 보급할 예정이다. 전기차 판매 부진에 가장 문제가 되었던 완속 충전 시설 3,015기를 보급하고, 공공 급속 충전 시설 100기를 구축해서 충전 인프라 문제를 해결할 계획인 것이다.

이제는 단순히 이동 수단으로서의 자동차가 아닌, 엔진의 효율을 극대화하고 자동차 배출 가스를 줄일 수 있는 미래형 자동차 개발이 시급한 실정이다. 꼬마 자동차 '붕붕'(1985년 일본에서 제작된 애니메이션)처럼 꽃향기만 맡아도 충전이 되는 차가 나온다면 공해도 없겠다만, 그것은 상상으로나 가능하다. 앞으로는 유해 배출 가스가 전혀 없는 자동차를 생산하기 위해 수소를 이용한 연료전지 시스템이 미래 자동차의 동력원으로 사용될 것이다. 수소 이외에 가솔린이나 메탄올도 연료로 쓸 수 있다.

연료전지 자동차는 연료전지에서 발생하는 전지를 이용해 전기 모터를 움직인다. 따라서 배터리 대신 연료전지를 엔진처럼 사용하게 되는 것이다. 연료전지는 충전도 필요 없고 에너지 효율이 높아서 미래형 자동차 동력원으로 손색이 없다.

감지 기능으로 방향을 잡는 무인 자동차도 개발 중이다. IT기술이 융합된 자동차는 선진국으로 가기 위한 필수 조건이다. 앞으로 몇 년 후에는 도로를 주행하는 차들의 대부분이 무인 자동차일지도 모른다. 노약자와 장애인, 운전 능력이 없는 사람들이 특히 환영할 부분이다.

현대자동차가 개발한 무인 자율 제어 시스템은 시스템이 작동되면 운전자의 손발이 자유로워지고 차량 스스로 제어가 가능하다. 속도 조절, 앞차와의 일정 거리 유지, 커브와 유턴도 알아서 한다. 주행과 정지 시에는 정확하게 앞차를 따라 움직인다. 무인차에는 속도와 거리를 감지하는 센서와 차선을 감지하는 카메라가 부착되어 있어서 차선이 없으면 앞차의 주행궤적을 따라 움직인다.

무인차는 이제 점점 현실로 다가오고 있다. 최근 미국의 네바다 주에서는 무인차에 번호표까지 발급했다. 무인차로는 최초로 고속도로를 달릴 수 있게 된 것이다. 우리나라는 2020년 상용화를 위해 추진 중이며, 2015년 여름부터 고속도로에서 실험 주행에 들어갔다. 그처럼 무인 자동차는 아직 해결 과제가 많지만 머지않은 시일 내에 대중화될 것이다.

무인 자동차가 대중화되면 그다음 수순은 뭘까? 아마도 하늘을 나는 자동차일 것이다. 영화 〈백 투 더 퓨처 2〉에는 타임머신을 타고 30년 후인 2015년으로 시간 이동한 주인공 일행이 하늘을 휙휙 날아다니는 자동차들을 보고 경악하는 장면이 나온다. 그와 함께

공학으로 이룬 경제성장,
잘사는 나라를 만든 주인공

애완견을 산책시키는 무인 조절기, 스마트 안경, 지문인식 문 개폐기 등등 신기한 기기들이 대거 등장한다. 영화에 나오는 기기들은 2015년 현재 막 개발되었거나, 아직 개발이 이루어지지 않은 것들이다. 특히 하늘을 나는 자동차는 인류의 오랜 꿈임에도 불구하고 아직까지 실용화되지는 않고 있다.

그러나 최근 미국의 한 신생 기업에서 하늘을 나는 자동차를 출시할 예정이라고 밝혔다. 이제 영화나 애니메이션에 자주 등장하는 비행 자동차는 더는 상상만으로 그치지 않게 된 것이다. 출시 예정인 '하늘을 나는 자동차' 에어로 모빌 3.0은 일반 가솔린을 연료로 하고 땅에서도 200미터 정도의 거리만 확보되면 이륙이 가능하다고 한다. 자동차 상태로 달리면 875킬로미터를 주행할 수 있고 비행 거리도 700킬로미터에 달해 비행 중에도 상당히 좋은 연비를 자랑한다는 것이다.

문제는 현실적으로 하늘을 나는 자동차는 값이 비싸고 비행 자격까지 갖추어야 한다는 점이다. 게다가 비행할 때마다 하늘길 확보를 위해 비행 계획을 미리 알려야 하는 불편도 따른다. 하늘을 나는 자동차는 그 같은 단점들을 해결함과 동시에 좀 더 발전된 형태로 개발되어야 할 것이다.

자동차 산업은 다양한 부품과 소재로 구성되는 대표적인 종합 기술 산업이다. 철강과 기계, 전기, 전자, IT, 석유, 섬유 등 모든 산업과 연결된 자동차 산업은 관련 산업의 발전을 선도하고 있다. 세계 각국에서 자동차 산업을 기간산업으로 육성하는 것도 그런 이유에서이다.

지금 우리나라는 미래형 자동차 개발을 위한 연구에 집중하고 있다. '2015 제주 국제 전기 자동차 박람회'에서 우리나라 현대 자동차는 '구운몽'이라는 1인용 소형차를 선보였다. 가까운 거리나 마트로 장보러 갈 때 이용할 수 있는 미래형 자동차 '구운몽'은 비행접시를 닮은 승용차다. 바퀴도 일반 타이어 형태가 아니라 농구공처럼 원형이다. 기존 자동차가 전진과 후진으로 갈 수 있는 데 비해 공 형태의 바퀴는 대각선 주행과 360도 주행이 가능하다. 로봇 청소기가 전후좌우 사방으로 다니며 청소하는 것처럼, '구운몽'도 공이 굴러가듯 어느 방향으로든 자연스럽게 달릴 수 있다.

이제 자동차는 단순히 달리는 기계에서 벗어나 생활공간의 한 부분이 되고 있다. 따라서 미래형 자동차의 개발도 중요하지만 주행 시 편안한 승차감과 함께 사고가 나더라도 사람이 다치지 않도록 안전하게 설계되어야 하며, 사고를 사전에 예방할 수 있는 시스템이 추가되어야 할 것이다.

거북선을 만든 해양 대국의 저력, 조선 산업과 해양공학

베트남의 해안가를 여행하다 보면 참 신기한 모양의 배들을 볼 수 있다. 고대부터 지금까지 사용하고 있는 바구니 형태의 대나무 배인 '투엔난'이다. 한 사람에서 두 사람 정도가 탈 수 있는 작은 크기의 대나무 배는 오래된 대나무 껍질을 벗겨 엮어 만든 뒤 쇠똥을 칠해서 방수 처리한 배다. 베트남 사람들은 이 배를 타고 항구 가까이 정박한 어선에 접근해서 물고기를 받아 해안으로 옮기는 일을 한다.

인류가 최초로 물을 건너기 위해 사용했던 것은 마른 통나무였다. 사람들은 마른 통나무가 물에 뜬다는 사실을 알고 튜브 삼아 끌어안고 물을 건넜다. 그리고 점차 몸이 물에 젖지 않고도 물을 건너는 방법을 연구하다가 통나무 속을 파내고 배의 형태를 만들었다. 배다운 배가 만들어지기 시작한 것은 기원전 4000년경에 이르러서였다. 당시 고대 이집트인들은 파피루스 줄기로 만든 배에 타르를 바르고 돛을 달아 사용했다. 이른바 최초의 돛단배를 만들어낸 것이다. 그리고 인류 문명이 점점 발달하면서 배의 종류도 다양해지기 시작했다.

공상과학소설의 효시로 알려진 쥘 베른의 《해저 2만 리》는 잠수함이 발명되기 훨씬 전인 1869년에 출간되었다. 쥘 베른은 그의 책에서 당시로선 상상조차 못했던 전기의 유용성과 잠수함의 압력, 선체, 승강타 등 구체적인 기술에 대해서 상세히 묘사했다. 사람들이 물 위에서만 떠다닐 수 있는 배를 만드는 동안, 쥘 베른은 역발상으로 해저를 탐험하는 잠수함을 생각해낸 것이다. 쥘 베른의 상상력은 86년이 흐른 후 현실로 나타났다. 1955년, 미국에서 세계 최초로 원자력 잠수함을 만들어낸 것이다. 잠수함의 이름도 《해저 2만 리》에 등장하는 잠수함 이름을 그대로 따서 '노틸러스호'라고 지었다.

우리나라의 경우 조선 산업이 실질적으로 발전하게 된 때는 1970년대 제3차 경제개발 5개년 계획이 발표된 후부터였다. 우리나라는 중화학공업 발전을 위해 산업기계와 조선 및 수송기계, 철강, 화학, 전자 등을 집중 개발하고자 화학플랜트, 발전소, 조선, 자동차 등 종합 기술 공업의 유기적 결합을 시도했다. 그 결과 우리나라의 조선소는 모두 거제와 울산 등에 위치하게 되었고, 철을 생산하는 포항과의 접근성이 매우 뛰어났다. 배를 만드는 데 필요한 어마어마한 양의 철을 유통하는 과정에서 비용이 대폭 절감되다 보니 효율성과 경쟁력을 높일 수 있게 된 것이다.

그리고 완벽을 기할 정도의 정밀한 기술도 조선 산업 발전의 일등 공신이다. 물속에서 이루어지는 용접 작업과 엄청난 무게의

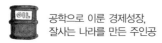
공학으로 이룬 경제성장,
잘사는 나라를 만든 주인공

철 덩어리들을 세밀하게 이어 붙이는 까다로운 공정들은 세계가 인정할 만큼 뛰어난 기술력을 자랑한다. 우리의 뒤를 맹렬하게 추격하고 있는 중국도 고도의 기술력만큼은 아직 따라오지 못할 정도다.

그러나 우리나라의 조선 산업이 발전한 이유는 무엇보다도 한국인 특유의 끈질긴 도전 정신 덕분이다. 반도국이기 이전에 섬나라인 우리나라에는 제대로 된 조선소가 없었다. 현실적으로 섬나라인 우리나라가 해양 세력을 넓히기 위한 방법은 조선소를 만들어 대형 유조선을 건조하는 길밖에 없었다.

당시 우리나라의 중화학공업은 발걸음을 막 시작한 단계였다. 외국의 은행들은 실적도 없고 기술과 자본이 없는 우리나라에 쉽사리 자금을 빌려주려고 하지 않았다. 그러나 1971년 9월, 영국 회사로부터 조선 기술과 선박 판매에 대한 협조를 얻은 현대의 정주영 회장은 과감히 영국으로 날아갔다. 조선소 건설을 위한 자금을 대출하기 위해서였다.

그러나 영국 은행에서 처음부터 거액을 대출해줄 리 만무했다. 사태의 심각성을 느낀 정주영 회장은 주머니에서 500원짜리 지폐를 꺼내들었다. 그리고 지폐 앞면에 그려진 거북선 그림을 가리키며 설득에 나섰다. 특히 우리나라 철갑선의 역사가 영국보다 300년을 앞질렀다는 점과, 한국인의 조선 기술이 세계 어느 나라보다 뛰어나다는 점을 강조했다.

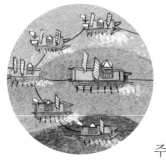

실제로 우리나라에는 조선 명종 때 만들어진 '판옥선'이라는 전투함이 있다. 2층 구조의 전투함으로, 개발된 지 37년 만에 일어난 임진왜란 당시 맹활약을 했던 주력 전함이다. 판옥선은 뛰어난 전투 능력으로 임진왜란의 여러 해전에서 압승을 거두고, 그 뒤에도 굳건히 바다를 지켰다. 당시 판옥선은 군사 125명 이상을 수용할 정도로 크고 견고했다.

거북선은 그러한 판옥선을 바탕으로 만들어진 군함이다. 갑판의 윗부분을 거북이 등처럼 개판을 씌우고 용머리를 달아 만든 특수 군함이다. 조선 수군의 주력 군함이었던 판옥선이 1층 갑판에 있는 수군들만 보호할 수 있었다면, 거북선은 배에 탄 모든 사람을 실내에 보호할 수 있는 것이 특징이다. 덕분에 거북선은 적의 공격에 직접 노출되지 않고 내부에서 안전하게 임무를 수행할 수 있었다.

일본 수군은 거북 모양의 대형 전함을 보고 혼비백산했다. 더구나 거북선은 몸체에 뾰족한 철침을 곳곳에 박아 적의 침입을 사전에 차단하고, 좌우에서 화포를 쏘아대고, 용머리를 한 배의 앞부분에서는 연기까지 뿜어댔다. 우리나라가 임진왜란에서 승리할 수 있었던 것은 그처럼 잘 건조된 판옥선과 거북선의 공이 컸다.

결국 정주영 회장의 설득력 있는 주장에 영국 은행이 대출을 승인했다. 단, 주문량이 있을 때에 한해서 자금을 조달해주겠다는 것이었다. 당시 조선소는 제대로 된 시설도 채 갖추고 있지 않은 허허벌판이었다. 정주영 회장은 미포만 백사장 사진과 도면만 들고 수주에 나섰다. 그리고 그리스 선박 두 척을 수주받기에 이르렀다.

배를 만드는 일은 그야말로 무에서 유를 만드는 작업이었다. 빌린 돈으로 부지를 매입하고 조선조 건설을 시작했다. 기술도 없고 따라서 주요 기술진도 외국인으로 채워졌다. 선박을 만드는 도면조차도 모두 외국어였다. 모든 것이 우리의 현실과는 맞지 않았지만 모두들 적극적인 의지와 하면 된다는 생각으로 일했다. 당시 배를 만드는 데 투입된 인원은 연간 100만 명이었다. 도크장을 만들면서 배를 만드는 동시 작업이 이루어진 결과, 마침내 그리스 리바노스 사가 발주한 26만 톤급 초대형 원유 운반선인 아틀란틱 배런호가 건조됐다.

1974년 6월 8일, 전 세계가 주목하는 가운데 당당히 모습을 드러낸 아틀란틱 배런호는 삼일빌딩(지상 31층, 지상 높이 110m의 1971년 완공 당시 대한민국에 있는 건물 중 가장 높았다) 크기의 3배에 달하는 엄청난 크기였다. 그처럼 큰 배가 물 위에 뜰지도 관건이었다. 우리의 기술과 자부심으로 탄생시킨 아틀란틱 배런호를 바라보던 기술자들의 얼굴에 근심이 어렸다. 그러나 배는 보란 듯이 물 위에 떠서 우리의 기술을 전 세계에 알리기라도 하듯 우렁찬 뱃고동 소리를 울렸다. 정주영 회장의 호언대로 철갑선을 만들던 선조들의 DNA가 후손들에게 그대로 이어진 결과였다.

아무것도 없는 모래사장에 연간 120여 척의 배를 건조하는 세계 최대 수준의 조선소가 들어서고, 세계 최대의 선박을 만들어내기까지는 그처럼 많은 우여곡절이 있었다. 위기와 갈등, 영광과 고뇌의 순간들이 교차했다. 세계 최대의 선박 건조는 '하면 된다'는 신념과 도전 정신 덕분에 가능한 일이었다.

이후 외국에서 주문이 쇄도했다. 급기야 10년 만에 수출이 50배 증가하면서 일본과 영국 등 선진국이 점유하던 조선 산업 분야에서 우리나라가 1등을 차지했다. 한편, 주문량에 비해 도크장이 부족하자 세계 최초로 도크 없이 땅에서 배를 건조시켜 바다에 띄우는 작업을 성공시키기도 했다.

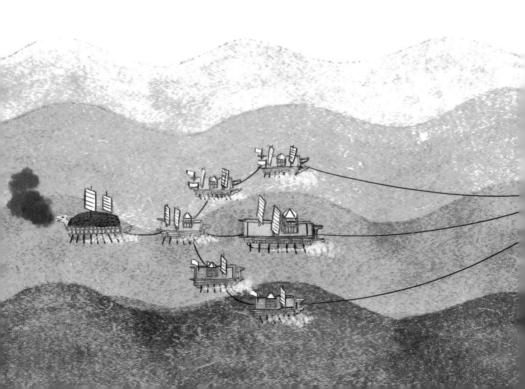

21세기로 접어들면서 조선 산업의 판도도 많이 변하고 있다. 선박의 고속화 기술 중 최대 핵심은 적은 동력으로도 최고의 속력을 내는 것이다. 그것은 선박의 중량을 지지하는 복합 지지형 선형 기술에 달려 있다. 그밖에 초전도 전자 추진선과 물제트 추진 장치, 전기 추진 방식, 가스터빈 등도 선박의 고속화에 사용될 수 있다. 특히 초전도 전자 추진선의 경우, 스크루와 같은 기계 회전 장치가 없어서 진동과 소음이 거의 없다. 진동과 소음이 없으면 승객들이 더 편하고 안전하게 이용할 수 있고, 현재의 탐지 기술을 무력하게 만들 수 있다. 그런 장점 때문에 기술이 상용화되면 제일 먼저 군용 잠수함에 적용될 것이다.

잠수함의 위치를 탐지하는 음파탐지기는 잠수함의 스크루가 돌아갈 때 생기는 소음을 추적하는 것이다. 그러나 초전도 전자 추진

아틀란틱 배런호

잠수함은 스크루 소음이 없어서 사실상 추적이 불가능해진다. 하늘에서 레이더망에 걸리지 않는 비행기처럼 아무 걱정 없이 심해를 누빌 수 있는 것이다.

그러나 이 기술에도 문제점은 있다. 강력한 자기장이 선박 내부의 기계를 교란시켜 해양생태계에 악영향을 끼칠 수 있기 때문이다. 따라서 완벽한 자기 차폐 기술과 바닷물이 전기분해 되면서 발생하는 염소 가스가 오염원이 되지 않도록 막아야 한다. 아울러 부식이 적고 내구성이 큰 전극판도 개발해야 한다. 지금 선진국에서는 전자 유체력 추진기와 초전도를 이용한 모터 개발 연구가 활발하게 이루어지고 있다. 우리나라도 세계 제1의 조선강국을 유지하려면 초전도 전자 추진선 같은 첨단 선박에 많은 투자를 해야 할 것이다.

현재 1970년대 초에 개발되었던 30만 톤의 원유 운반선은 무게가 25퍼센트 정도 가벼워졌다. 그동안 지속적으로 기술을 개발한 결과다. 선박이 대형화되면서 가장 진전을 보이는 것은 컨테이너선이다. 2015년 3월, 삼성중공업은 일본 MOL로부터 2만 100TEU급 초대형 컨테이너선 4척을 6,810억 원에 수주했다. 수주한 컨테이너선의 규모는 길이 400미터, 폭 58.8미터, 높이 32.8미터로 갑판 면적이 축구장 네 개의 넓이에 해당한다. 현재까지 발주된 컨테이너선 가운데 세계 최대의 규모인 이 프로젝트는 2017년 8월 납기 예정이다. 이로써 우리나라는 세계 최초로 2만 TEU급 컨테이

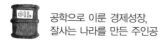
공학으로 이룬 경제성장,
잘사는 나라를 만든 주인공

너선 시대를 열게 된 것이다.

우리나라 조선 산업은 해상에서만 이루어졌던 항해 및 운전이 육상 기지로부터 통제와 제어가 가능할 만큼 지능화됐다. 뿐만 아니라 액화천연가스LNG와 액화석유가스LPG 운반선, 초호화 크루즈 등으로 해양 산업이 전문화되면서 고부가가치의 창출로 이어졌다.

이제 해양공학은 포화된 육지에서 벗어나, 바다로 영역을 넓히고 있다. 최근에는 해양 석유 자원을 적극적으로 활용하기 위해 해양 구조물의 설치 해역을 점차 심해역으로 옮겨가고 있다. 따라서 해양 플랜트 개발은 단순히 해저 깊은 곳에 고정시키던 장비와 기술 개발에서 벗어나, 물 위에 띄울 수 있는 대형 부유 생산 시스템과 부유체 개발로 확대되고 있는 실정이다.

해양 플랜트는 석유와 가스 등 해양자원을 발굴하여 시추하고 생산하는 데 필요한 장비를 말한다. 석유나 가스, 광물 등의 지하 자원이 묻혀 있는지 알아보기 위해 바닷속 깊이 구멍을 뚫고 발굴하는 일을 시추라고 하는데, 이때 사용되는 것이 반잠수식 시추선이나 드릴십과 같은 선박이다. 시추 작업을 통해 원유가 확인되고 경제성이 있다고 판단되면, 플랫폼을 설치해 본격적으로 원유 생산에 들어간다. 그리고 뽑아 올린 원유를 각각의 성분 물질로 정제해서 사용한다.

그처럼 해양 플랜트는 석유나 천연가스 자원을 시추한 후 육지로 옮기지 않고 바로 바다에서 정제나 액화 작업을 하고 선적까지

할 수 있는 기술이며, 다른 곳으로 이동시키거나 분리할 수도 있다. 그와 함께 수중 건설 로봇도 개발 연구 중이다. 해상 조건이 열악할수록 사람은 잠수병이나 각종 안전사고에 노출될 수밖에 없지만 수중 작업 로봇은 다양한 악조건을 극복할 수 있기 때문이다. 따라서 사람이 작업할 경우 위험하거나 극히 제한적인 부분을 수중 건설 로봇이 대신할 수도 있다.

이제 해양공학은 바다를 매립하여 또 하나의 육지로 만드는 부분으로 시선을 확대했다. 바다를 메워 만든 해상 공간은 소음공해를 피할 수 있는 해상 공항으로 사용할 수도 있고, 어업 생산 기지로서의 해양 목장 및 각종 레저 장소로 이용될 전망이다. 그와 함께 해양 리조트단지를 비롯해 관광 잠수정, 해중 전망탑, 해중 호텔, 해중 공원까지 등장했다. 특히 미국은 1965년부터 해저 호텔을 건설하기 위한 계획을 세운 것으로 알려져 있다.

개장을 앞두고 있는 두바이의 '워터 디스커스 호텔Water Discus Hotel'은 해수면 9미터 아래 수족관처럼 투명 창문이 있는 21개의 스위트룸으로 설계되었다고 한다. 이 호텔은 스파와 정원, 수영장이 구비되어 있으며, 고객이 잠수 장비를 갖추고 해저 체험을 할 수 있는 시설도 선보일 예정이라고 한다. 이런 추세라면 앞으로 휴가는 지상이 아닌, 해저 여행을 하면서 보내게 될 날도 머지않은 것 같다.

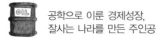

공학으로 이룬 경제성장,
잘사는 나라를 만든 주인공

사막에 불을 밝히고 다리를 놓은 신화, 건설 산업

20 14년, 서울 몽촌토성에서 4~5세기경 건설한 것으로 알려진 백제 시대 도로가 발견됐다. 폭이 약 20미터에 이르는 '대형 포장도로'는 지금까지 발굴된 백제 도로 가운데 가장 규모가 큰 것이다. 이와 함께 요즘 고속도로 중앙분리대 역할을 하는 '중앙 도랑'을 갖추고, 회와 자갈을 섞어 포장한 사실도 드러났다.

최근에는 백제 유적 8점이 '2015년 유네스코 세계문화유산'에 등재되면서 전 세계로 알려지는 계기가 되었다. 이번에 등재된 유적들은 공주의 공산성과 송산리 고분군, 부여의 사비성 관련된 관북리 유적과 부소산성, 능산리 고분군, 나성 및 익산의 왕궁리 유적과 미륵사지 등이다. 이들 유적들은 뛰어난 건축 기술과 종교, 예술성을 인정받아 세계문화유산으로 지정되었다.

이밖에도 이미 유네스코에 등재되어 있는 11점 중에는 훌륭한 건축 기술이 돋보이는 유적들이 상당수를 차지한다. 그 가운데 수원의 화성은 동서양의 축성술과 우리나라의 과학기술이 집약된 동양 성곽의 백미로 알려져 있고, 창덕궁은 건축과 조경이 잘 조화된 종합 환경디자인 사례로 평가받고 있다. 그처럼 천부적인 우리의 토목 기술은 오랜 과거부터 비롯된 것이었고, 그런 기술력은 중동에서 눈부시게 활약되었다.

이른바 석유파동으로 세계가 타격을 받던 때, 우리나라가 돌파구로 택한 것이 '중동 특수', 즉 중동으로 진출하는 것이었다. 사막에 기름밖에 없던 중동은 갑자기 오일달러가 넘치자 그 돈으로 경제개발 계획을 세웠다. 이때 뛰어든 우리나라 건설 업계는 아파트와 공장, 항만, 도로, 학교, 병원, 군사시설 등을 세웠다. 당시 외화 수출액의 80퍼센트는 중동에서 벌어들인 돈이었다. 수출 100억 달러 중 80억 달러를 중동에서 벌어들인 것이다.

1974년 당시, 우리나라의 해외 건설은 거의 초창기였다. 해외 공사를 맡아 시행해보거나 능력을 보유한 회사도 없었다. 중동으로 진출하면서 가장 큰 걱정은 공사를 맡아놓고 잘못해서 실패하는 경우였다. 그렇게 된다면 엄청난 타격으로 인해 중동 진출 사업 전체가 실패할 수도 있었다. 정부에서는 일단 우수 건설 업체 몇 곳만 진출시키기로 했다.

중동 진출은 세 단계로 나누어 진행됐다. 첫 번째로 도로 공사가 있었다. 개발 초기의 중동 국가들은 도로 공사가 시급했기 때문이었다. 도로 공사의 선두 주자인 삼환은 제다 시의 1, 2차 미화 공사를 수주했다. 이에 자극받은 다른 기업들도 열심히 뛰어들어 공사를 따냈다.

당시 '횃불 신화'라는 유명한 일화가 있다. 삼환이 제다(중동 산

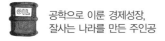
공학으로 이룬 경제성장,
잘사는 나라를 만든 주인공

유국 사우디 제2의 도시) 시에서 1차 미화 공사를 시공하고 있을 때였다. 1974년 9월, 착공한 지 한 달이 조금 지난 어느 날이었다. 제다 시장으로부터 회교 순례 기간이 시작되는 12월 20일까지 공사를 완료해달라는 요청을 받았다. 이때 삼환은 공사 기간을 앞당기기 위해 횃불을 밝혀가며 야간 공사를 감행해야 했다.

드넓은 모래땅에서 횃불을 밝혀놓고 일하는 광경은 그야말로 장관이었다. 연일 35도를 오르내리는 폭염 속에서 낮에만 두세 시간씩 자고 밤을 새워 일하는 모습에 제다 시민들도 놀라워했고, 우연히 공사 현장 근처를 지나던 파이잘 왕도 우리나라 근로자들이 열심히 일하는 모습에 감명을 받아 다음에도 공사를 맡기라고 지시했다. 우리 근로자들의 성실성은 삼환뿐만 아니라 초기 중동 진출 업체의 모든 간부와 근로자들도 마찬가지였다. 현지 당국자와 주민들로부터 크게 인정받게 되었고, '코리아 넘버 원'이란 말까지 들었다.

이후 우리 업체들은 도로 공사에서 큰 성과를 거둔 후 항만 공사로 진출했다. 1975년 3월, 신원개발이 이란에서 코탐사 항 확장 공사를 따냈고, 10월에는 현대가 바레인에서 아스리ASRY 조선소 건설 공사를 수주했다. 공사 금액은 1억3,700만 달러로 당시 국내 건설 업체가 중동에 진출해 수주한 공사 가운데 최대 규모였다. 이 공사는 1975년 10월 1일 착공해서 만 2년 만인 1977년 9월 30일 완공했다. 바레인의 무하라크 섬에서 남쪽으로 8킬로미터 떨어진

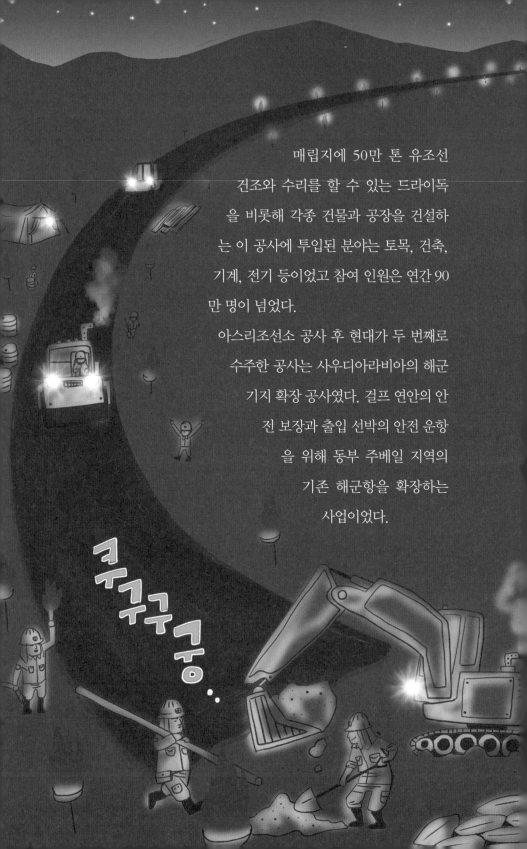

매립지에 50만 톤 유조선
건조와 수리를 할 수 있는 드라이독
을 비롯해 각종 건물과 공장을 건설하
는 이 공사에 투입된 분야는 토목, 건축,
기계, 전기 등이었고 참여 인원은 연간 90
만 명이 넘었다.

아스리조선소 공사 후 현대가 두 번째로
수주한 공사는 사우디아라비아의 해군
기지 확장 공사였다. 걸프 연안의 안
전 보장과 출입 선박의 안전 운항
을 위해 동부 주베일 지역의
기존 해군항을 확장하는
사업이었다.

처음에는 공사 규모가 1억 8,150달러였지만 공사 도중 설계 변경으로 인해 2억 2천만 달러로 늘어났다. 이후 현대는 1976년 주베일 항만 공사도 수주하게 된다. 그 액수는 무려 9억 4,000만 달러로 우리나라 해외 공사 사상 획기적인 사례였다. 당시 공사 규모가 워낙 크다 보니 공사를 따냈다는 그 자체만으로도 국제적인 이슈가 되었다.

주베일 산업항 건설의 첫 단계는 호안 공사와 방파제 공사, 항만 내에 선박이 정박할 수 있는 부두용 암벽 공사였다. 당시 부두용 암벽 공사는 수심 6미터 저점에 550미터, 수심 14미터 지점에 2,350미터 규모였다. 그러나 이 외에도 30만 톤 유조선이 접안할 수 있는 부두가 꼭 필요했다. 이를 위해 해안으로부터 12킬로미터 떨어진 수심 30킬로미터 바다 한가운데 30만 톤급 유조선 네 대가 정박할 수 있는 해상 유조선 정박 시설을 건설하기로 했다.

총 길이만 해도 3.48킬로미터에 달해 마치 대형 항공기가 이착륙할 수 있는 해상 활주로를 방불케 하는 공사를 위해 400톤짜리 자켓(유조선 정박 시설의 기초가 되는 철근 구조물) 89개가 필요했다.

자켓은 직경 1~2미터의 파이프를 이용해서 가로 18미터, 세로 20미터, 높이 36미터의 크기로 만들어야 했다. 당시 공사 기간을 단축하고 비용을 줄이기 위해 울산 현대중공업에서 철근 구조물 일체를 제작하기로 했지만, 세계 조선 업계에서는 불가능하다고 입을 모았다.

그러나 현대는 울산에서 제작된 자켓을 1만 5,800톤급과 5,500톤급 1만 마력 예인선이 끄는 2대의 바지선에 실어서 1만 2천 킬로미터나 떨어진 중동으로 옮겼다. 한국에서 주베일까지, 그것도 파도가 심한 인도양을 건너 장장 한 달이 넘게 걸리는 거리를 배로 운반한 것이다. 현대건설은 항해할 때 바지선이 움직이는 모양과 자켓에 미치는 영향을 컴퓨터로 일일이 분석하고 검토한 후 무려 19번에 걸쳐 자켓을 실어 날랐다. 세계적으로 처음 시도된 자켓 수송 작전은 그야말로 상식을 뛰어넘어 세계 건설 역사에 기록될 만한 전무후무한 일이었다.

당시 재킷을 실은 바지선이 태풍이나 풍랑에 휩쓸릴 수 있었기 때문에 현대건설 임원들은 수송하기에 앞서 보험 가입을 준비하기도 했었다. 그러나 정주영 회장은 보험을 드는 대신, 태풍으로 해난 사고가 일어나도 재킷이 해면에 떠 있을 수 있는 공법을 채택했다. 현대건설은 해저를 종 모양으로 만든 후 철근을 넣고 콘크리트를 부어 그 자리에 자켓을 세우는 세계 최초의 신공법을 고안해냈다. 그리고 그 공법으로 페르시아 만에 거대한 구조물을 세우는 공

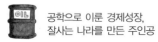

사에 성공했다.

공사 당시 사람들은 주베일을 '대한민국 울산시 주베일동'으로 불렀다. 근로자와 거리를 달리는 자동차, 음식, 사무실의 가구와 집기, 심지어 필기구까지 모두 한국산이었기 때문이다. 그 모두가 외화를 한 푼이라도 아끼기 위해서였다. 이후 현대건설은 수많은 일화를 남기면서 20세기의 대역사로 불린 주베일 산업항 공사를 2년만인 1979년 2월, 성공적으로 마무리했다. 그리고 라스알가르 주택항공사, 쿠웨이트 슈아이바 항 확장 공사, 두바이 발전소 건설 등 중동의 대형 공사를 잇달아 수주하기에 이르렀다.

우리나라는 중동의 도로 공사와 항만 공사에 이어 플랜트도 수출했다. 1973년 석유파동으로 부자가 된 이란은 대규모 종합 비료 공장 건설에 착수했다. 이란은 세계적인 플랜트 메이커인 영국의 '데이비파워'에 건설 감리를 맡겼다. 참고로 데이비파워 사는 우리나라 여천에 대규모 메탄올 공장을 건설한 회사로, 이란의 비료 공장 건설업자를 선정할 수 있는 권한을 가지고 있었다. 데이비파워 사는 여천에서 공사를 맡았던 당시, 설계 도면대로 충실히 작업해주었던 신한기공에 깊은 신뢰를 느끼고 있었다. 그래서 이란 비료 공장 건설에 신한기공이 참여하여 성실하게 공사를 해준수 있다면 공사에 투입시키겠다는 공식 서한을 보내왔다.

그 기회야말로 우리나라 플랜트 건설 능력을 국제적으로 인정받을 절호의 찬스였다. 정부는 당장 국내 비료 공장의 공장장들을 소집했다. 그들은 비료 공장의 기계와 장치들에 대해 속속들이 알고 있는 베테랑들이었다. 그들은 혹시라도 신한기공의 능력이 부족할 시에는 한국 기술자의 명예를 걸고 중동으로 달려가겠다고 약속했다.

이후 우리나라는 이란 국영 화학회사인 NPC와 계약을 맺었다. 계약금은 무려 5,730만 달러로 우리나라 역사상 그처럼 큰 프로젝트는 처음이었다. 계약 이후 일은 순조롭게 진행되었다. 그러나 1979년 2월, 이란에서 혁명이 일어나면서 우리 기업은 철수하게 되었다. 그리고 1979년 10월 다시 착공했지만 1980년 5월, 이란 주재 미국대사관의 인질 사건으로 인해 또다시 철수하게 되었다. 그리고 4개월 후에는 이란과 이라크 간 전쟁까지 발발했다.

그런데 한창 전쟁 중인 1981년 1월 13일, 이란의 NPC 측 대표 일곱 명이 서울을 방문했다. 한국에 도움을 요청하기 위해서였다. 당시 이란은 전쟁으로 인해 공사 기간이 길어지면서 각종 기계 부품들이 생산을 멈췄다. 그러자 부품을 구입할 수도 없었고, 설계를 맡은 회사와 기자재를 납품한 회사들은 공사를 포기하고 말았다.

NPC 대표 측은 우리나라 이외에는 세계 어느 곳에서도 공사를 맡을 곳이 없다며 우리 기업에게 공장 건설의 전 책임과 성능 보장, 심지어 일정 기간 공장 운전까지 모두 맡아달라고 요청했다. 공장 건설부터 시운전, 정상 운전까지 해주고 공장이 잘 가동된 후에야 인수하겠다는 조건을 세운 것이다.

모든 것을 다 맡기겠다는 요청에 따라 우리 기업은 턴 키^{turn} key(건설업체가 공사를 처음부터 끝까지 모두 책임지고 다 마친 후 발주자에게 열쇠를 넘겨주는 방식) 방식으로 재계약을 했다. 그리고 1981년 8월 25일 3차 공사에 착공해서 1985년 1월 15일, 완공하게 되었다. 당시 준공식에는 호메이니 영도자도 참석할 정도로 대대적인 경축 행사가 거행되었다. 그 공사야말로 이란 혁명 정부가 성공한 첫 번째 대공사였기 때문이었다.

그 뒤 우리 기업이 수주한 주요공사는 LAVAN LPG 플랜트, 이스파한 석유화학 콤플렉스, 타브리즈 석유화학 콤플렉스 등으로 1997년 1월까지 이란에서만 총 4억 달러를 계약했다.

플랜트 수출은 현대건설에서도 계속되어 1979년 사우디아라비아의 알코바 발전 및 담수화 플랜트를 수주했다. 그 공사는 독일, 프랑스, 미국 등의 유명 건설 회사와 컨소시엄으로 수주했는데, 75만 킬로와트의 발전소와 하루 22만 5,000톤의 해수 담수화 공장을 건설하는 것이었다. 이때 현대건설은 별도의 담수화 공장을 전담해 총 공사비 8억 5,000만 달러 중 절반이 넘는 4억 3,000만 달러의 일감을 시공했다. 당시 중동에서 우리 기업들이 수주한 공사들은 모두 성공리에 완공했다. 중동 진출로 인해 우리나라의 중화학공업, 특히 플랜트 산업이 크게 발전한 것이다.

1980년대 우리나라 건설 업계는 중동 특수에 힘입어 비약적으로 발전했다. 세계 3대 장대 교량 중 하나인 말레이시아 페낭대교,

싱가포르의 래플즈시티, 세계적인 허브 공항인 창이 국제공항, 리비아 대수로 같은 세계적인 건축물이 우리 업체의 손에 의해 건설되었다. 그리고 1990년대 이후 두바이의 3대 건축물로 불리는 에미리트 타워 호텔, 2003년까지 세상에서 제일 높은 건물이었던 말레이시아의 페트로나스 트윈 타워, 우리나라 최대의 댐인 소양강 댐보다 10배나 큰 이란의 카룬 댐 등을 건설했다.

우리나라 건설 기술은 세계 최고 수준을 자랑한다. 특히 지구상에 존재하는 건축물 중 최고층인 부르즈 칼리파는 우리나라가 해외에 건설한 회심의 역작이다. 구름 위의 마천루로 불리는 부르즈 칼리파에서 세상을 내려다보면 마치 신화의 세계가 펼쳐진 것처럼 신비롭게 보인다. 온통 구름밭인 도시의 이곳저곳에서 다양한 모습으로 솟아오른 빌딩들이 신들의 궁전을 방불케 하기 때문이다. 그래서인지 부르즈 칼리파는 전 세계 사진작가들의 명소로 자리를 잡고 있다. 사진작가들은 부르즈 칼리파와 함께 색색의 불빛을 뿜어내는 도시의 야경을 포착하는가 하면, 새벽안개에 휩싸인 몽환적인 빌딩을 촬영하기도 한다. 초고층이기에 가능한 특별한 풍경과 착시 현상들을 작품으로 담아내는 것이다.

현재 건설 분야는 단순히 건축이라는 관점에서 벗어나, 환경과 자연보호라는 지구 전체의 문제로 확대되고 있다. 자연을 전혀 해치지 않고 다리를 놓거나 터널을 뚫고, 인간과 자연이 어우러진 건축 환경을 조성해야 하는 것이다. 그러나 건설은 무엇보다 인간을

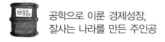
공학으로 이룬 경제성장,
잘사는 나라를 만든 주인공

위해 존재하는 만큼, 앞으로의 건설은 보다 정확하고 안전한 구조물을 바탕으로 이루어져야 한다. 특히 고층 건물과 광범위한 공간은 한 치의 오차 없는 계산과 해석으로 구조되고 설계되어야 한다. 그것이 인간과 건축이 조화롭게 지구상에 존재할 수 있는 유일한 방법이다.

나라를 지키는 방위 산업에서 하늘을 정복하는 항공우주 산업으로

우리나라가 중화학공업을 추진한 것은 방위 산업을 육성하려는 목적의 하나였다. 1960년대 북한의 산업 생산능력은 남한보다 훨씬 우월했다. 당시 군사력이 남한에 비해 3배 강했던 북한은 우월한 군사력을 무기로 무분별한 도발을 감행했고, 남한은 늘 긴장 상태에서 경계 태세를 갖추고 있어야 했다. 게다가 미국은 남북 간의 긴장이 극에 달한 상황에서 주한미군 1개 사단 철수를 공식적으로 통고해왔다.

이때부터 우리나라는 자주국방의 필요성을 절실히 느끼고, 본격적인 방위 산업에 착수하기 시작했다. 정부는 예비군 20사단을

'박격포까지 장비하는 경보병사단' 수준으로 전력을 강화하고 이에 소요되는 병기와 탄약류, 장비 일체를 국산화하기로 결정했다. 방위 산업이 국가의 긴급 과제로 등장하면서 병기 개발 연구가 시작되었고, 우리나라 연구진들은 불과 100일 만에 연구를 끝마쳤다.

이후 현역군의 장비를 현대화하기 위해 대구경화포, 전차, 항공기, 함정 개발에 나섰다. 1차 시제품을 보완한 2차 시제품 시사회가 열리고 카빈총과 수류탄, 유격발사기, 3.5인치 및 66밀리미터 대전차 로켓포, 대인지뢰, 대전차지뢰, 60밀리미터 박격포 경량화형과 표준형, 81밀리미터 박격포가 선을 보였다.

그러나 갈길은 멀었다. 열세에 놓인 우리 군을 막강한 힘으로 무장하고, 국산 무기의 개발을 위해서 중화학공업 육성이 필요했다. 마침내 대통령은 1973년 1월, '중화학공업화 선언'과 '국민의 과학화 선언'을 하게 된다. 공업 구조를 개편하여 선진 공업국을 건설하고, 자주국방을 하기 위해서였다. 당시 중화학공업에 소요되는 자금은 무려 100억 달러였다. 연 수출 겨우 20억 달러 미만이었던 경제 규모를 생각한다면 분명 엄청난 무리였다. 그러나 대통령은 국가의 명운을 걸고 중화학공업 계획을 추진했다. 북한의 남침 야욕을 꺾고, 남북 간의 경제전에서 이기고, 선진국이 되기 위해서는 그 길밖에 없었다.

종합 화학 공장에서는 평소에는 비료를 생산하고 비상시에는 주

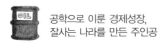
공학으로 이룬 경제성장,
잘사는 나라를 만든 주인공

로 화약을 제조하도록 계획되었다. 포탄 공장은 남쪽에 신설해서 소구경에서 대구경까지 만들 수 있도록 했고, 탄피로서의 놋쇠와 소구경 탄에 필요한 납을 제련하기 위해 온산 공업기지에 제련소를 건설했다. 조선소는 민간용 배 이외에도 군함을 건조할 수 있도록 건설하고, 전시에는 군함을 수리할 수 있도록 보안상 진해 해군 기지 가까운 곳에 위치시켰다.

또한 방위 산업에서 가장 중요한 기계공업은 국제적 규모로 키우기 위해 창원에 건설했다. 이곳에서는 정밀기계 제품부터 초대형 제품까지 모든 기계제품이 생산되도록 했다. 창원 기계공업기지에서는 각종 대구경포에서부터 탱크와 장갑차, 항공기용 제트엔진, 군함에 쓸 대형 엔진까지 모두 생산할 수 있었다.

드디어 1973년 3월, 우리나라는 105밀리미터 대구경 화포를 완성해서 발사에 성공했다. 우리나라가 대구경 화포를 국산화했다는 사실은 그야말로 경사의 경사였다. 1977년 6월에는 중부전선 기지에서 삼부 요인과 여야 정치인, 외교사절, 한미 고위 장성 등 2,000여 명의 귀빈이 참석한 가운데 국산 무기 화력 시범대회가 열렸다.

이날 선보인 무기들은 소총에서부터 155밀리미터 대구경포까지 다양했다. 과거에는 미국에서 빌려 쓰던 무기들이었지만 이젠 당당하게 국내에서 생산한 것들이었다. 특히 한국형 소총과 발칸포, 장갑차, 500MD 헬기 등은 과거 국군에서 보유하지 못한 병기들이었고, 이날 선보인 국산 병기들은 모두 성공적으로 시험을 마쳤다. 그리고 1978년 7월에는 서해 해상에서 중장거리 미사일과 다연장 로켓, 대전차 로켓의 시범 발사에 성공했다. 그로써 우리나라는 세계에서 7번째로 유도탄을 자체 개발하고 보유한 나라가 되었다. 방위 산업이 고도 정밀 과학병기까지 만들어낼 수 있는 높은 수준까지 이르게 된 것이다.

현재 우리나라는 세계적으로 자랑할 수준의 최신형 한국형 전차를 생산하고 있다. 그것은 국민들의 혈세인 율곡사업으로 만들어진 결과물이었다. 한국형 전차 개발이 시급하던 당시, 가장 적합한 모델로 소련식 전차가 거론되었다. 그 이유는 소련의 전차가 미국의 전차보다 70센티미터 정도 낮기 때문이었다. 전차가 작으면 엔진의 크기도 줄어들기 때문에 전차의 무게를 대폭 줄일 수 있었다.

그러나 한국형 전차는 엔진 마력을 크게 증가시키면서도 속도가 빠르고, 기동성도 향상시킬 수 있도록 설계했다. 장갑판을 사용해 방어력을 늘이는 한편, 최신 사격 장치를 채택해 명중률을 높이고 주행 중 포 사격과 야간 전투 능력까지 갖추도록 했다. 전차의 크기는 소련제와 거의 같은 수준으로 만들어 작은 사람이 탑승할 수 있도록 했다.

마침내 1976년 7월 21일, 창원 기계공업기지에 탱크와 기관차를 생산해낼 현대정공이 들어섰다. 이어서 현대 차량 공장이 긴급 건설되고 중고 전차였던 M-48전차가 A5형으로 개조되어 105밀리미터 포를 달고 신품으로 재탄생했다. 현대에서는 한국형 전차

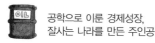

의 성능 요구서를 작성하고 미국의 탱크 전문 기술 용역 회사와 설계 계약을 체결했다.

그리고 1979년, 설계 도면대로 만들어진 실물 크기의 목재 모형이 한국에 도착했다. 비록 모형이긴 했지만 국방색으로 도색된 전차는 실물처럼 당당하고 위압적이었다. 당시 모형 전차는 현대체육관에 설치되었고, 참여했던 모든 사람들이 하루빨리 실물이 생산되기만을 간절히 고대했다. 그러나 그해, 대통령이 서거하면서 한국형 전차는 세간의 이목에서 멀어졌다.

최신형 한국형 전차가 다시 그 모습을 드러낸 것은 1995년, 서울 국제 군수산업전에서였다. 17년 만에 위용을 드러낸 한국형 전차는 2.25미터 높이로 세계에서 가장 낮게 만들어졌다. 전차의 높이가 낮으면 낮을수록 적에게 발견될 확률이 적고, 적의 포탄에 맞을 가능성이 없기 때문이었다. 엔진도 1,200마력으로 북한의 최신형 전차인 T-72의 780마력에 비해 1.5배나 높았다. 엔진을 크게 한 것은 우리나라의 특수 지형 때문이었다. 구릉지와 계곡이 많은 우리나라 실정상 고지까지 올라가려면 그만큼 엔진 마력이 커야 했다.

거리 측정기와 탄두 계산기는 미국의 최신 전차인 M-1 전차가 소련제보다 월등하기 때문에 한국형 전차에 그대로 접목했다. 새롭게 탄생한 한국형 전차는 그야말로 최고급이었다. 북한의 T-72 전차는 800미터까지만 거리 측정이 가능한 반면, 한국형 전차는 1,200미터까지 측정할 수 있었다. 탄도 계산기도 디지털 방식이었다. 화면에 여러 개의 표적이 동시에 표시되고, 한 표적을 사격하고 나면 곧바로 다음 표적을 공격할 수 있었다.

또한 한국형 전차는 360도 회전하는 사격 조준장치도 갖추고 있어서 주행 중 전후방을 가리지 않고 신속하게 사격이 가능했다. 뿐만 아니라 고저 및 좌우 모두 안정화 장치가 되어 있어 주행 중 사격이 가능하고, 화생방 보호 장치와 자동 소화 장치도 부착되어 있었다.

다만 최신형 한국형 전차는 총 중량이 51톤에 달했다. 처음 계획했던 것보다 5~6톤 정도 더 무거워진 상태였다. 그러나 전차가 무거워진 이유는 방어력을 세계 최상급으로 증가시켰기 때문이었다. 그처럼 한국형 전차는 105밀리미터 전차포를 장착한 탱크로서는 세계 최강의 전차라는 점에서 이론의 여지가 없었다.

이제 우리나라 방위 산업은 우주 항공 기술의 발전과 함께 세계 최강의 기술력까지 보유하게 되었다. 항공우주연구원이 개발한 항공기는 최근 우리 공군에 전력화된 기종인 FA-50, 대한민국 공군 곡예 팀의 주력 기종인 T-50B 등 초음속 T-50 시리즈와 기본 훈련기인 KT-1, 국산 첫 기동 헬기 수리온, 무인기 송골매 등 다양한 항공기 제품군이 있다.

항공우주연구원은 보잉사와 에어버스 같은 항공기 제작사와 국제 공동 개발사업을 통해 대형 민항기 기체 부품 개발에도 적극 참여하고 있다. 전 세계에서 운항 중인 거의 모든 여객기에 항공우주연구원에서 제작한 부품이 들어 있다고 해도 과언이 아닌 것이다.

또한 우리나라는 세계적인 무인기 기술을 보유하고 있다. 2011년 항공우주연구원이 개발한 틸트로터 무인기는 수직 이착륙과 고속 비행이 가능하다. 이륙할 때는 헬리콥터처럼 수직으로 이륙하고 공중에서는 비행기처럼 빠르게 날 수 있다. 스마트 무인기인 틸트로터 기술을 보유한 나라는 세계에서 우리나라가 유일하다.

이에 2016년부터 틸트로터 무인기 국산화에 이어 본격적인 실용화에 나선다는 방침이다. 실용화 대상 모델은 항공우주연구원과 대한항공이 공동으로 개발한 'TR-60'으로 최대 속력 240킬로미터, 고도 4킬로미터까지 비행할 수 있다. 또한 헬리콥터에 비해 두 배 이상 빠른 속도와 높은 고도로 비행할 수 있어 넓은 지역을 감시하거나 수색, 정찰, 운송, 통신 등의 임무를 수행할 수 있다. 고무적인 것은 세계적으로 틸트로터 무인기가 상용화된 사례가 없다는 것이다. 상용화에 성공하면 거대 시장으로 성장하는 무인기 시장을 선점할 수 있을 것으로 기대되고 있다.

이외에도 항공우주연구원은 유인기를 무인기로 전환한 '2인승 유무인 혼용기'도 개발했다. 유무인 혼용기는 국내 기업에서 개발한 항공 부품을 탑재하고, 실제 비행 조건에서 시험할 수 있는 정밀 비행시험 시스템을 갖추고 있다. 다른 무인기보다 정밀한 비행이 가능한 유무인 혼용기는 최대 10시간 비행할 수 있으며, 우리나라 전역에 걸쳐 재난 감시용 무인기로 활용할 수 있다.

고고도 장기체공 전기동력 무인기EAV 분야에서도 눈에 띄는 성

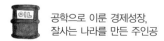

과가 나오고 있다. 이 드론은 고도 12킬로미터의 성층권에 오랜 시간 떠 있으면서 실시간으로 지상을 관측하고, 통신 중계 등 인공위성 보완 임무를 수행할 수 있다. 그런 장점들 때문에 지금 이 순간에도 선진국들은 미래형 무인기 기술 개발에 박차를 가하고 있는 것이다. 우리나라는 지난 2013년, 축소형 고고도 장기체공 전기동력 무인기(EAV-2H)를 25시간 40분 연속 비행에 성공했고, 고도 10킬로미터까지 올라가는 성능 시험까지 이미 마친 상태다.

지금은 항공우주 산업이 한 나라의 과학기술 수준을 평가하는 중요한 지표가 되고 있다. 과학이 앞선 나라가 선진국이며, 세계 최강국이 되는 시대다. 과거에는 철을 생산하던 집단이 부와 힘을 갖춘 최우수 집단이었다면, 미래는 하늘을 정복하는 기술이 앞선 나라가 최강국이 될 것이다. 그런 점에서 우리나라의 항공우주 산업은 앞으로 차세대 미래 산업을 선도할 정도로 발전한 상태다.

오늘날 우리나라 방위 산업이 항공우주 산업으로 발전한 것은 무엇보다 1970년대 중화학공업을 집중적으로 육성했기 때문이다. 그처럼 방위 산업은 국가 전략뿐 아니라 국가 경제 차원에서도 매우 중요한 부분이다. 방위 산업을 통해 많은 과학자와 기술자들이 양성되고, 국가 경제의 성장 동력으로서 큰 역할을 하기 때문이다.

더 살기 좋은 국토를 만드는
도시계획과 디자인공학

우리나라는 과거 일본 제국주의 식민통치 하에 인권은 물론 국토까지 무분별하게 유린당했다. 당시 일본은 우리나라 각 시와 읍에 대한 도시계획을 실시하면서 시설 용지로 편입된 토지에 대한 보상비를 지급하지 않고 기부 형식으로 처리했다. 뿐만 아니라 공공사업을 할 때도 인건비 한 푼 주지 않고 강제로 노동과 부역을 시키는 등 우리 민족을 무자비하게 착취했다. 일본이 공공시설을 건설한 것도 우리나라를 개발하기 위한 것이 아니라, 일본과 만주를 잇는 교량으로 이용하기 위해서였다. 그처럼 우리나라의 전국토가 일본에 의해 정치적으로 마구 개발되다 보니 정작 광복 이후 우리 스스로 국토 계획을 세울 때 커다란 난제로 작용하게 된 것이다.

우리나라 실정에 맞는 우리만의 건축법이 만들어진 것은 1962년 박정희 정부가 들어서면서부터였다. 정부는 일제강점기에 만들어진 조선 시가지 계획령을 바꾸어 새로운 건축법을 시행했다. 우리나라의 행정 수도 계획이 처음 공개된 것은 1977년 2월이었다. 정부는 우리나라 1인당 국민소득이 1만 달러 이상 되는 시기가 오면 북한과의 격차가 커지면서 통일이 가능할 거라고 믿었다. 그래

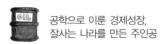

공학으로 이룬 경제성장,
잘사는 나라를 만든 주인공

서 추진한 것이 국토 개편이었다.

일단 수도 이전에 관한 문제가 논의되었다. 당시 행정 수도는 대전으로 정했다. 우리나라의 중심부이자 우리나라 면적과 인구, 산업의 중심부가 대전 부근에 모여 있기 때문이었다. 행정 수도를 국토의 중심부로 이전하게 되면 서울에서 부산까지 가는 시간이 3시간 반 정도로 단축된다. 단축되는 시간과 에너지를 산업에 활용한다면 국가 경쟁력 강화나 소득 증대에 큰 기여를 하게 될 터였다.

우리나라는 국토 서북단에 위치한 서울에서 동남단에 있는 부산까지의 거리가 350킬로미터다. 국토 면적에 비해 축선이 한쪽으로 너무 길게 뻗어 있는 것이다. 더구나 서울을 중심으로 우리나라 공업의 3분의 2가 집중되어 있고, 대전과 대구, 부산 등 대도시와 중소도시에 인구가 집중적으로 몰려 있다. 전 국토의 0.6퍼센트에 불과한 수도 서울에 전 국민의 20퍼센트가 살고 있는데, 수도권까지 합치면 절반 정도의 인구가 밀집되어 있는 것이다.

뿐만 아니라 산업의 30퍼센트, 기관의 50퍼센트가 몰려 있고 의료 시설과 예술 · 문화 · 위락 시설 등도 서울에 집중되어 있다. 그러다 보니 집이 지방에 있는 사람들은 서울을 오가며 이중생활을 하게 되고, 그와 더불어 교통 문제까지 심각해진다. 그런 단점들을 모두 취합해본 결과 우리나라가 통일이 되더라도 굳이 수도가 한반도의 중심인 서울에 있어야 할 필요는 없었다.

만일 신행정 수도가 대전 근처에 세워진다면 부산에서 신수도로

오는 사람들은 서울에서 대전 간 구간은 이용하지 않아도 될 터였다. 그리고 호남 사람들의 경우, 경부고속도로를 이용하지 않아도 된다. 대전 근처 신수도 주변의 인구는 고속도로와는 무관하게 되는 것이다. 이때 서울과 신수도 사이에 고속전철을 건설하면 고속도로 수용량은 3분의 1로 줄어들어 교통난 해소에도 큰 도움이 된다.

일반적으로 도시는 인구 20만에서 50만까지가 적정 규모다. 100만이 넘으면 비효율적인 도시로 규정하고 있다. 인구가 1,000만이 넘으면 정부나 국가 차원에서 통제할 수 없는 지경에 이른다. 아울러 도로 문제, 주거 문제, 식수 문제, 쓰레기 문제, 그리고 정신적인 문제까지도 심각해진다. 미국의 경우, 뉴욕 인구가 점점 증가하면서 주정부가 통제력을 잃은 지 오래다. 중국도 마찬가지다. 중국을 통일한 모택동은 한때 인구 포화 상태의 상하이를 없애려고 시민들을 농촌으로 추방하기도 했다. 우리나라도 조금만 방심하면 얼마든지 그런 상황을 맞을 수 있었다. 따라서 좁은 국토를 효율적으로 활용하기 위해 균형 있게 개발할 필요가 있었다.

수도를 옮기는 계획에는 공해 문제도 포함됐다. 제1차 국토종합개발계획 당시만 해도 공해 문제의 중요성을 인식하지 못했지만 2000년대가 되면 상황이 달라질 터였다. 실제로 1960년대 말, 금강 상류의 부강에 PVC공장이 건설된 적이 있었다. 일본 NC사에서 만든 이 공장에는 염소와 가성소다를 만드는 공장이 포함되어 있었다. 그런데 이후 일본에서 수은 공해병인 '미나마타병'이 발생했다.

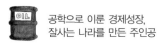

문제는 부강에 있는 공장이 일본에 있는 공장과 같은 공법으로 지어졌다는 사실이었다. 정부에서는 즉각 일본 회사 관계자들을 소집하고 토양을 채취하게 했다. 그 결과 1980년대 중반이면 우리나라도 일본처럼 문제가 생길 거라는 것이었다. 당시 부강 공장에서는 즉시 폐수를 고체화하여 폐기했지만 정부에서는 아예 폐지하도록 지시했다. 그처럼 호된 경험을 하고 난 후부터 정부는 공장 설립을 쉽게 허가하지 않게 되었다.

국토 개편을 계획하면서 가장 우선시했던 부분은 5천 년 동안 살아온 우리의 땅이 개발이라는 명목 하에 무분별하게 파헤쳐지지 않는 것이었다. 보전할 곳은 보전하고 철저하게 관리할 수 있도록 하는 것이 후손들에 대한 의무이자 예의였기 때문이다. 그건 20세기뿐 아니라 21세기 디자인공학에도 그대로 적용될 부분이었다. 개발을 하더라도 완전하게 파괴하는 것이 아니라 어느 정도 치유나 복원이 가능한 수준의 계획과 개발, 즉 지속 가능한 개발을 하면 훗날 우리 스스로 어느 정도 재창조하고 재구성할 수 있기 때문이다.

그러나 우리나라에서는 여전히 개발 논리가 우위에 있다 보니 자연환경이나 녹지를 보존하고 지키는 데 어려움이 따르는 게 현실이었다. 그래서 2000년대 국토 개편 구상에서는 자연환경과 수자원, 산림자원, 연안 해역의 보존과 개발, 대기 환경의 보전 등에 대한 대책을 많이 세웠다.

한편 국토의 균형 개발은 국민의 경제력 향상은 물론 정신적 만족을 줄 수 있는 교육과 의료, 문화와도 밀접한 관련이 있다. 그런 이유로 여러 중핵도시를 건설해서 균형 개발을 꾀하기로 했다. 여기서 핵심이 되는 것은 행정 수도와 이를 중심으로 한 도로망 및 공업기지, 공업단지의 건설이었다.

각 지방에서 중심지 역할을 하게 될 중핵도시는 기존 도시를 뜯어고치는 것이 아니라, 기존 도시 근처에 완전한 신도시를 세우는 것이었다. 이때 주택 부족 문제를 근본적으로 해결할 수 있는 계획도 포함시켰다. 특히 우리나라 사람들에게 있어서 가장 예민한 교육 문제 해결을 위해 지역별로 명문 중고교와 4년제 대학교 분교를 유치하는 계획도 세웠다. 대학의 경우, 우선 분교를 지방에 세우고 나중에 본교를 내려 보낼 계획이었다. 문화는 지역 주민들에게 자긍심을 심어줄 수 있는 지역 특색을 발굴해 보존하도록 했다.

농촌 개발 계획도 세웠다. 2000년대가 되면 선진국과 같이 주 2일 휴가가 가능할 거라고 생각했다. 당시 계획은 주 2일 휴가를 전원 생활을 하면서 보내는 것이었다. 농촌을 이상적인 주말 농장으로 활용할 수 있는 방안을 생각했던 것이다. 참고로 현재 우리나라가 실행하고 있는 주 5일제 근무는 이미 40년 전에 계획했던 것이라 보면 된다.

'2000년대 국토 구상안'은 전국토를 효율적으로 활용하는 것이 우선이었다. 그에 따라 여러 가지 에너지 절약 방안도 강구되었다. 경제성장과 함께 증가되는 물동량을 감소시키기 위해 수송 수단을 개선하고 수송 노선을 직선화하여 단축하는 방안 등이 나왔다.

전국을 4개의 환상선과 8개의 방사선으로 연결하여 전국 반일 생활권이 가능할 수 있도록 도로와 철도의 양적 비중을 증대시켜 유통 구조를 개선했다. 산업기지는 공해를 수반하고 해상 수송을 필수로 하는 임해기지를 개발하도록 했다. 아울러 소규모 무공해 생산 기지는 내륙의 교통 중심부에 배치하도록 했다.

대규모 항만 기지를 개발할 필요성도 거론되었다. 당시 우리나라는 수출이 급격히 늘어나는 데 비례해서 국제 화물도 증가했다. 따라서 증가하는 화물량을 처리하기 위한 기존 항만 시설의 정비 및 확장, 새로운 대규모 항만 건설이 필요했다. 일단 대규모 임해 산업 기지의 후보지로 서해안 중부 지역, 비인만-군산, 남해안의 남부 지역을 대상 지역으로 설정했다. 이중 남해안의 남부 지구 후보지는 대량 화물 수송을 취급할 수 있는 국제항만으로 이상적이었고, 부산항의 화물량 처리를 위해서도 절대적으로 필요한 항만이었다.

남부기지의 가장 큰 의미는 무엇보다 '제2의 부산항'이라는 데 있었다. 당시만 해도 부산항은 이미 포화 상태에 가까웠지만 항만 시설을 확장하는 데 있어서 부산의 지형적 특성상 한계가 있었다. 후보지로 거론된 경남 고성 안정리 항만은 앞바다의 수심이 비교적 깊고 거제도가 방파제 역할을 하기 때문에 방파제가 필요 없었다. 항구의 안벽 길이도 30킬로미터가 넘어 부산항의 6배에 달했다. 30만 톤급 화물선도 접안이 가능하고 넓은 야적장도 갖춰져 있었다. 이곳에 석탄과 천연가스를 비축할 수 있는 시설도 갖추고 저

장 기지 역할도 할 수 있도록 설계했다. 아울러 30만 명이 거주할 수 있는 배후 도시와 이를 뒷받침할 산업 공단도 함께 배치했다.

중부기지는 방대한 계획 하에 구상이 이루어졌다. 충남 태안의 가로림만을 메워서 공업단지를 만들고, 주위 야산을 개발하여 400만 명에서 800만 명까지 거주할 수 있는 공업권을 만들기로 했다. 그러기 위해서는 약 3억 평 정도의 땅이 있어야 하고, 20만 톤급의 대형 선박이 정박할 수 있어야 했다.

가로림만은 그에 적합한 곳이었다. 수심이 20미터가 넘어서 20만 톤의 화물선 출입이 가능하고 방파제도 필요 없었다. 10만 톤급 선박이 정박할 수 있는 항만을 건설할 장소도 있었고, 안벽 길이만 해도 2,000미터에 이르러 동양 최대의 항구를 조성할 수 있었다. 더구나 가로림만 주변에는 개발되지 않은 야산 지대가 3억 평 정도 있었다. 정리해서 개발한다면 공장 대지와 주택 용지로 사용할 수 있는 큰 규모였다.

중부기지는 행정 수도와 불가분의 관계였다. 행정 수도의 관문으로서 제2의 인천항 및 신수도권 역할을 하기 때문이었다. 행정 수도를 새서울이라고 한다면 남부기지는 새부산, 중부기지는 새인천으로 불릴 터였다. 가로림만에 대한 구체적인 계획이 나온 후, 제일 먼저 산업도로가 개통되었다. 그리고 중부 공업기지에 공업 용수를 공급하게 될 삽교천 담수호 저수지도 완공했다. 그러나 가로림만 개발은 대통령의 서거로 더 이상 진전되지 못했다.

일반적으로 신도시란 모도시의 주거, 업무, 산업 등의 기능을 보완하기 위해 계획적으로 비교적 짧은 시간 동안 개발된 도시를 말한다. 영국에서는 산업혁명 이후의 도시 과밀 문제를 해소하기 위해 교외 전원 지역에 자족성 있는 도시를 추진했다. 그 결과 1903년, 산업 시설을 갖춘 자족도시 레치워스를 건설한다.

레치워스는 1898년, 에버니저 하워드란 도시계획 전문가가 도시계획 방안의 하나로 내놓은 '전원도시'에서 출발했다. 주변이 그린벨트로 둘러싸여 있고, 주거 및 산업, 농업 기능이 균형 있게 개발된 전원도시는 도시와 전원의 장점만 골라 세워진 도시다. 따라서 생산 활동의 효율성을 높일 뿐 아니라, 아름답고 쾌적한 전원 분위기에서 도시 생활을 할 수 있는 매우 이상적인 자립 도시다.

그러나 정조대왕은 그보다 무려 100년 이상 앞선 1792년, 이미 세계 최초의 신도시인 수원 화성을 건설했다. 정조는 당시 30세에 불과했던 정약용에게 화성 축성 계획을 세우도록 지시했다. 정조가 수원에 화성을 지은 이유 중의 하나는 수도를 수원으로 옮기기 위해서였다. 즉 행정 수도 이전 계획을 세우고 있었던 것이다.

당시 정약용이 제안한 화성 축성 계획은 기존의 축성 계획과는 크게 차이가 있었다. 우선 성곽 외부에 만석거와 축만제를 쌓고 첨단 농업을 육성한 점이 달랐다. 수확한 곡물로만으로도 성을 유지, 관리하는 지속 가능성을 확보하고, 서울의 상공업과 주민을 화성으로 이주시키기 위해 면세 제도를 도입하는 등 기발한 도시 개발전략을 세운 것이다. 화성은 신도시 혹은 전원도시의 개념과 여러 가지로 합치되는 점이 많다. 수도가 가지고 있는 문제를 극복하기 위해 계획적으로 조성한 도시였다는 점, 신도시의 지속적인 번영을 위해 자족성을 갖추었다는 점이 그것이다. 정조는 더 나아가 정치, 문화, 국방 등 여러 측면에서 당대 최고의 이상적인 도시를 꿈꾸었다. 그러나 안타깝게도 정조대왕의 갑작스런 죽음으로 인해 신도시 계획은 물거품이 되고 말았다.

최근 들어 우리나라 도시들은 크게 변화하고 있다. 소통이 원활한 가로망, 쾌적한 주거지, 편리한 상업 시설, 자연과 조화된 쉼터가 곳곳에 들어서고 있다. 신도시를 건설할 때도 각 국의 모범적인 신도시들을 벤치마킹하고, 그 도시의 좋은 점만 골라서 활용한다. 모든 면에서 생태적인 완결성과 자립성을 갖추고, 인간과 자연이 어우러진 친환경도시로 만들겠다는 '그린 플랜'을 세우고 있다. 그처럼 도시는 살아 있는 거대한 생물체로서 진화를 거듭하고 있는 것이다.

비록 가로림만 프로젝트와 수원 화성은 두 지도자가 품었던 원대한 꿈을 실현시키지 못했지만, 그 계획들은 여전히 곳곳에서 응용되고 있다. 두 지도자가 염두에 두었던 것은 살기 좋은 도시, 일자리가 있고 교통이 편리한 도시, 자족 기능을 지닌 도시였다.

아울러 21세기의 도시 건설의 핵심은 교통 인프라와 행정 타운, 비즈니스 파크 등이 모두 갖추어진 매력적인 도시를 건설하고, 그 도시를 경쟁력 있는 세계적인 도시로 키우는 데 있다.

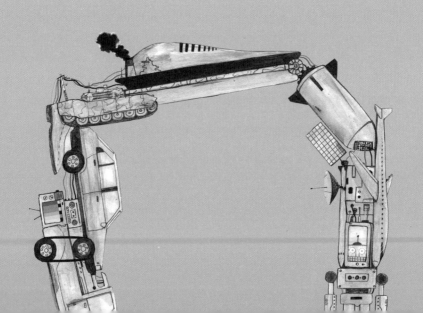

4부

오늘의 한국을
만든 사람들

과학기술을 통해 나라를 이끈
테크노크라트의 힘

세계는 지금 중국 때문에 바짝 긴장하고 있다. '세계의 공장'
이었던 중국이 제조 대국에서 제조 강국으로 도약하기 위
해 '중국제조 2025'를 발표했기 때문이다. 앞으로 중국은 차세대
IT, 고정밀 수치 제어기와 로봇, 항공우주 장비 등 제조업 10대 분
야를 집중적으로 육성한다는 계획이다.

　이제 '짝퉁', '저가'의 대명사였던 중국산 제품은 더는 부끄러
운 수식어를 달지 않게 됐다. 그처럼 중국은 우수한 제품과 기술력
으로 무장하고 각 분야의 선두를 차지하기 위해 맹렬한 속도로 달
려오고 있는 것이다. 현재 중국은 자동차와 스마트폰, 드론 분야를
선점하고 있고, 미래 산업인 전기차 부분에서도 세계 1위를 차지
하고 있다. 우리나라는 그동안 굳건히 지켜왔던 여러 분야의 선두
자리를 중국에게 내주어야 할 위기에 처해 있다.

중국이 지금의 발전을 이루게 된 요인은 최고의 지도자들이 '과학만이 경제 건설의 유일한 해법'이라는 뚜렷한 가치관을 가지고 있기 때문이다. 그들의 일관된 주장은 '과학기술만이 생산력'이라는 것이다. 중국은 국가 경쟁력의 핵심이 과학기술에 있다는 전제하에 전문 인력을 양성해온 나라다. 중국 최초의 과학계 출신 지도자였던 장쩌민은 과학계 인사를 정부 관리로 임용해서 과학기술 관료, 즉 테크노크라트 집단을 만들어냈다. 그리고 이를 토대로 과학기술 인재 양성에 주력했다.

현재 중국의 테크노크라트들은 대부분 대학교나 고등교육 기관에서 양성된다. 그곳에서 양성된 인재들은 과학기술 관련 전공 교육을 이수한 후 일정 기간의 현장 경험을 거쳐 정치 관료의 길로 접어든다. 최근 중국이 모든 분야에서 빠른 속도로 선진국의 수준에 근접해 있고, 경제 대국으로 비상하게 된 바탕에는 그처럼 견고한 과학기술이 자리 잡고 있는 것이다.

전 세계가 '중국이 몰려온다'라며 긴장하고 있는 지금, 우리나라는 중국을 따라잡을 수 있는 대비책을 세워야 한다. 사실 우리나라는 과거 아시아의 네 마리 용(한국, 대만, 싱가포르, 홍콩) 중 가장 선두주자였다. 1977년, 정부와 국민들이 혼연일치 되어 대망의 수출 100억 달러를 달성하자 세계 언론계에서는 일제히 '한강의 기적'을 이룩했다고 보도했다. 20세기 후반에 접어들면서 경이로운 발전을 하고 있는 네 마리의 용 중 우리나라를 최고로 꼽은 것이다.

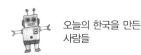

　특히 〈뉴스위크〉는 커버 스토리에 '한국인이 몰려온다'는 내용
의 기사를 통해 '한국인은 미국이나 일본과 같은 공업 구조와 국
민 생활을 위해 열심히 일하고 있으며, 일본인을 게으른 사람들로
보는 세계에서 유일한 국민'으로 소개했다. 해방 이후 세계에서 제
일 가난했던 나라가 눈부시게 성장했기 때문이다.

1964년, 박정희 대통령은 우리나라의 경제구조를 수출 위주로 개편하고 그해 1억 달러를 수출했다. 그리고 1970년에는 수출 10억 달러를 목표로 내세웠다. 그러나 우리나라 국민들 중에서 수출 목표를 달성할 수 있을 거라고 믿는 사람은 아무도 없었다. 그런데도 대통령은 하면 된다는 신념으로 강하게 밀어붙였고, 마침내 10억 달러 수출을 달성하기에 이르렀다. 국민들 스스로 자신감과 용기, 희망을 갖게 된 것은 그때부터였다. 이후 대통령은 1973년 1월 12일, 연두 기자회견에서 '전 국민의 과학화'를 선언하면서 모든 국민이 과학기술을 배우고 익히며 개발하자고 말했다. 그래야만 우리의 국력이 급격히 신장할 수 있고, 선진 국가가 될 수 있다고 했다.

당시 우리 경제를 과학기술을 기초로 발전시키기 위해 등장한 사람들이 테크노크라트였다. '기술 관료'라고 불리는 테크노크라트technocrat의 사전상 의미는 과학적 지식이나 전문적 기술을 소유함으로써 사회 또는 조직의 의사 결정에 중요한 영향력을 행사하는 사람이다. 즉 시스템 공법이나 공학 관련 지식을 가지고 있는 정책 수립자를 테크노크라트라고 하는데, 그렇다고 꼭 기술자 출신이어야 한다는 것은 아니다. 기술에 관한 소양과 경험이 있고 담당 실무에 밝은 행정가라는 뜻이다.

국가적인 전략을 수립하는 데 있어서 가장 필요한 사람은 통찰력 있고, 풍부한 경험을 가진 테크노크라트다. 그것은 경제 발전

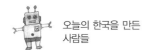

사를 연구하는 외국 학자들의 공통된 견해이기도 하다. 테크노크라토의 영향력이 가장 많이 발휘되는 곳은 선진국보다 후진국이다. 후진국에서는 테크노크라토가 경제개발의 성패를 좌우한다.

대만의 경우, 1970년대 중반까지만 해도 우리나라보다 모든 면에서 앞서 있었다. 1976년 당시 대만의 석유화학은 에틸렌 기준으로 1년에 약 100만 톤을 생산하는 데 비해, 우리나라에서는 울산공장에서 겨우 15만 톤을 생산하고 있었다. 더구나 대만은 공장에서 생산되는 원료로 많은 석유화학제품들을 만들어 전 세계에 수출할 정도로 경쟁력을 갖추고 있었다.

그때부터 지금까지 대만은 장관의 절반이 이공계 출신이다. 경제 부처의 장관을 비롯해서 국영 기업체의 장과 각 부처에 테크노크라트가 대거 포진하고 있다. 1980년 자료에 의하면 대만은 국무총리부터 경제부 장관, 재무부 장관, 무임소 장관 등이 기술 관료이며, 총통과 경제 총수도 모두 테크노크라트다. 그들은 꾸준히 국민의 존경을 받고 있으며, 부서를 옮기지 않고 장기간 근속한다. 법률 개정에 쉽게 동조하지도 않는다. 필요하다면 법까지 바꿔서 실행하는 우리나라와는 참으로 비교되는 부분인 것이다.

우리나라도 1960년대부터 1970년대까지는 테크노크라트의 시대였다. 대통령부터 테크노크라트가 되어 청와대 내에 구성된 경제 제2수석 비서관실과 상공부를 비롯한 건설부와 농림부 등 각 산업 부서에 많은 테크노크라트가 포진되어 있었다. 경제의 주체는 각종 산업이고, 그 계획을 수립할 수 있는 능력을 가지고 있는 사람은 산업을 가장 잘 알고 있는 테크노크라트였기 때문이다.

테크노크라트들은 중동 진출 방안과 방위 산업 육성, 중화학공업 건설, 그리고 2000년대를 위한 국가 전략 작성 등 우리나라 산업 발전에 혁혁한 업적을 세웠다. 그러나 정권이 바뀌면서 우리나라에서 테크노크라트들은 완전히 축출되었다. 상공부부터 각 부서의 장, 차관이 경제 관료(이코노크라트)로 채워졌다. 그러다 보니 기술적인 부분에 대해서는 상식적인 기술 용어조차 모르는 사람이 상당히 많다.

기술과 행정은 상부상조하면서 논의되어야 할 부분이다. 행정으로만 공장이 가동하지 못하듯 기술을 아는 공무원이 없는 나라는 결코 과학적 발전을 이룰 수 없다. 우리나라가 국가 경제 발전 전략이나 개혁 전략을 수립하고 추진하기 위해서는 우수한 테크노크라트의 양성과 중용이 필수적이다.

우리나라는 아직 가야 할 길이 멀다. 우리나라가 지금까지 이루어낸 성과를 헛되이 하지 않으려면 많은 이공계 출신들이 기술 한국을 지켜내야 한다. 그들이 각 기업과 관공서에서 최고 사령탑이 된다면 사회가 균형 있게 발전하고, 합리적인 경제 발전을 이루게 될 것이다.

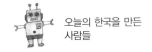

맨몸으로 국위를 선양한
파독 광부와 간호사들

19 64년 12월 10일은 한국의 대통령 내외가 독일 루르 지방에 있는 함보른 탄광회사를 방문한 날이었다. 이날 소식을 들은 파독 광부들과 간호사들은 대통령 내외를 맞이하기 위해 서둘러 탄광회사 내에 있는 강당에 모여들었다. 파독 광부들은 하나같이 말쑥한 양복 차림이었고, 간호사들은 고운 한복을 차려입은 아리따운 모습이었다. 드디어 멀리서 대통령 내외가 탄 승용차가 모습을 드러내자 파독 광부들과 간호사들은 설레는 가슴을 쉽게 진정시킬 수가 없었다. 마치 고향에서 친부모가 찾아온 것처럼 기쁘고 반가웠기 때문이었다.

그날 대통령 내외가 탄광을 찾은 이유는 머나먼 타국에서 고생하는 광부들과 간호사들을 격려하기 위해서였다. 그러나 막상 대통령이 위로와 격려의 말을 꺼내기도 전에 누군가가 터트린 울음으로 인해 강당 안은 이내 눈물바다를 이루었다. 가난한 나라에서 온 광부들과 간호사들은 자신들의 처지가 불쌍해서 울었고, 대통령은 대한민국의 젊은이들을 그 지경으로 만든 나라의 대통령이라는 사실에 가슴을 치며 울었다.

한참 동안 감정을 다스리지 못하고 눈물을 쏟던 대통령은 두 주먹을 불끈 쥐었다. 그리고 식장에 있던 광부들과 간호사들을 천천히 돌아보았다. 당시 대통령의 마음속에는 하루빨리 경제 발전을 이루고, 우리의 후손들에게 더 이상 가난을 대물림하지 않겠다는 결심이 가득 차 있었다. 그런데 신기하게도 그런 대통령의 마음이 이심전심 광부들과 간호사들에게도 전달됐다. 모두의 마음에 '열심히 일하자, 그래서 남부럽지 않게 잘살아보자'라는 무언의 메시지가 자리 잡았던 것이다. 그날 함보른 탄광에서 있었던 말 없는 합의와 스스로 형성된 공감대는 1960년대 우리나라 경제 발전의 원동력이었다.

대통령은 강당에 모인 파독 광부들과 간호사들에게 '개개인이 무엇 때문에 이 머나먼 이국까지 왔는지 명심하고, 조국의 명예를 걸고 열심히 일해서 우리 후손을 위한 번영의 터전이라도 닦아놓자'고 울먹이며 호소했다. 그리고 강당 밖으로 나와서 광부들의 숙소를 돌아보고 광부들의 몸 상태를 살펴보았다. 광부들의 몸은 멀쩡한 곳이 없었다. 채탄 작업 도중 부러진 드릴과 곡괭이에 찍힌 상처들이 얼굴을 비롯한 온몸에 새겨져 있었다. 광부들의 상처는 우리나라 경제를 일으킨 영광의 상처인 동시에 가슴 아픈 역사의 흔적이었다. 대통령은 축축해진 눈가를 손수건으로 닦고 나서 그들의 상처를 하나하나 어루만졌다. 그리고 떨리는 음성으로 거듭해서 몸조심을 당부했다.

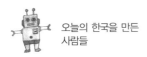

오늘의 한국을 만든
사람들

우리나라는 1963년 서독에 247명의 광부를 파견하면서 본격적
으로 해외 취업의 문이 열렸다. 당시 파독 광부 모집에 지원한 사
람은 수천 명이었고, 지원자 대부분은 대학을 졸업한 엘리트들
이었다. 극심한 취업난 때문에 대학을 졸업하고도 취업을
못한 많은 사람들이 지원했기 때문이었다. 치열한 경
쟁률을 뚫고 최종적으로 합격한 명단은 고시 합격
자처럼 신문에 실려서 세간의 주목을 받았고, 대
학 졸업자들은 국내 탄광에서 몇 개월간 광부
교육을 받은 후 독일로 파견되었다.

대통령 내외가 방문했던 서독 루르 지
방 막장에서 일하던 한국인 광부들도 거
의 학사 출신이었다. 그들이 받는 보수
는 한 달에 400마르크(100달러)에서

- 파독 광부·간호사 -
1964'12

700마르크였다. 한국보다 몇 배 많은 보수였지만 돈을 더 벌기 위해 시간 외 근무를 자청했다. 그리고 틈틈이 독일어를 배우고 첨단 기계를 비롯한 각종 기계와 기술을 익혔다.

그들은 머나먼 이국땅에서 잡념이 파고들지 않도록 몸을 혹사하다시피 했다. 파독 광부들의 그 같은 행동은 터키나 중동 등 다른 나라에서 온 광부들에게 질시의 대상이 되기도 했다. 그래서 뜻하지 않은 충돌도 있었지만, 힘겹고 외로운 상황을 잊기 위해서는 어쩔 수 없었다. 당시 극심한 외로움을 견디다 못한 사람들 중에는 한국의 가족들에게 전화하느라 월급의 3분의 1을 통신 요금으로 지불한 사람도 있었다. 그처럼 언어 체계도 다르고 생활 방식도 다른 타국에서의 광부 생활은 무의식적으로라도 잊고 싶을 만큼 버거운 날들이었다.

광부들에 이어 독일로 진출한 간호사들도 경제개발을 위한 외화 확보에 중요한 역할을 했다. 우리나라 간호사들의 해외 취업은 1960년대 초, 민간 차원으로 서독에 진출하면서부터였다. 당시 서독은 경제 부흥이 진행되면서 노동력이 매우 부족한 상황이었다. 특히 간호직은 기피 직종에 해당해서 인력이 몹시 부족했다. 이미 민간 차원에서 서독에 진출한 간호사들이 성실성을 인정받고 있는 점에 착안한 우리나라는 간호사 파견도 서둘렀다.

독일 간호사 파견은 우리나라 역사상 최초로 여성 전문 인력이 해외로 집단 취업한 경우였다. 우리나라 간호사들은 모든 것이 낯

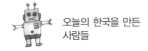

선 독일에 진출해 온갖 역경을 극복하며 열심히 일했다. 그리고 그녀들의 헌신은 우리나라 경제 발전에 큰 밑거름이 되었고, 민간 외교관으로서의 역할을 톡톡히 한 덕분에 한국과 독일 간의 교류 증진에도 일익을 담당했다.

1962년 서독에서 최초로 들여온 1억 5,000만 마르크는 바로 이들 광부와 간호사들의 급여를 담보로 들여온 것이다. 그리고 1982년까지 독일 정부에서 들여온 차관은 총 5억 9,000만 마르크에 이르렀다. 우리나라의 경부고속도로는 당시 독일로 파견되었던 광부들과 간호사들의 피와 땀의 대가로 건설된 것이다. 이후 경부고속도로는 항만과 주요 도시를 잇는 물류의 대동맥으로써 우리나라 산업 발전에 지대한 영향을 끼쳤다.

경제성장의 토대를 마련한 베트남 파견 병사와 해외 근로자들

베트남전쟁 8년 동안 한국에서 파병한 군인들은 34만 명에 이른다. 우리나라는 참전을 조건으로 미국으로부터 1억 5,000만 달러의 차관과 베트남 내 건설 사업 참여권, 미국 내 한국

상품 수출 증대 약속을 받았다. 파월 병사들은 매우 지혜롭고 용맹스럽게 전투에 임했다. 개개인의 자질이나 전술 면에서 모두 월등했으며, 참전하는 곳마다 혁혁한 전과도 올렸다. 당시 파월 병사들은 미국 군인들과 같은 기준에서 동등한 대우를 받았다.

베트남 파병 이후, 상술이 뛰어난 일본의 종합상사들은 매우 발빠르게 움직였다. 그들은 우선 한국군에게 공급할 군수물자를 독점하기 위해 미군 측과 은밀히 협상을 벌였다. 주요 협상 내용은 신체적으로 미군과 다른 한국군이 미군 군복을 그대로 입을 수 없다는 것, 한국 군인들에게는 김치 등 한국 고유의 음식물이 필요하다는 것이었다. 그들은 같은 동아시아 국가인 일본이 한국의 생태를 잘 아는 만큼 한국군의 군수물자를 독점 조달하려고 했다.

이에 우리 측은 즉각 반응했다. 한국군용 군수물자는 우리나라에서 조달하겠다고 강력히 요구했다. 하지만 미군 측은 한국 산업의 후진성과 국제 입찰에 대한 실적이 없다는 점을 들어 요구를 들어주지 않았다. 그 소식을 들은 장병들은 일본제 군복을 입고는 도저히 전투를 못하겠다며 강한 거부 반응을 보였다. 결국 장병들의 태도에 미군 측은 한국군용 군수물자는 한국에서 조달하기로 결정을 내렸다.

그러나 미군 측의 우려대로 당시 우리나라의 공업 수준은 후진성을 면치 못하고 있었다. 초기에 납품된 의복은 땀에 젖으면 색이 바라고 질도 현저히 떨어졌다. 그런데도 장병들은 국산품을 입는다는

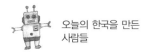

자부심과 애국심으로 아무런 불만 없이 입었다. 이후 군복의 품질은 빠르게 개선되었고, 급기야 다른 나라로 수출까지 하게 되었다.

군복뿐 아니라 담요와 전투화도 수출되었고, 그를 계기로 의류와 전자 제품이 미국으로 대량 수출되었다. 베트남전 장기화에 따른 미군 수요가 늘면서 값싼 우리나라 노동력을 이용한 군수 용품의 OEM(주문자상표부착생산)이 급증했다. 그로 인해 우리나라 수출 총액에서 미국이 차지하는 비중은 1964년 말 1억 2,900만 달러에서 1970년 5억 8,400만 달러로 늘어났다.

당시 우리 국군에게 보급된 식량은 카스텔라와 스테이크, 스튜 등이 들어 있는 미국의 전투식량 C-레이션이었다. 파병 초기에는 우리 군인들도 처음 먹어보는 음식이라 별식을 먹는 기분으로 적응했다. 그러나 작전이 한 달 이상 길어지면서, 칼칼하고 매운맛에 길들여진 우리 군인들에게 느끼하고 싱거운 C-레이션을 계속 먹기란 고역이었다. 날이 갈수록 우리 군인들 사이에 김치를 먹고 싶다는 의견이 많아졌다.

정부는 한국인의 기호에 맞는 전투식량을 우리가 납품할 수 있게 해달라고 건의했다. 그러나 미국은 우리나라의 통조림 진공 기술이 터무니없이 부족하다는 이유로 거절 의사를 밝혔다. 그럼에도 불구하고 김치와 고추장, 멸치조림 같은 한국 음식을 만들 나라는 우리나라밖에 없었기에 결국은 납품 계약이 이루어졌다. 이른바 K-레이션 수출은 그렇게 시작됐다. K-레이션의 K는 KOREA

의 약자로 한국군을 위한 전투식량이라는 의미였다. 우리나라의 통조림 산업은 그때부터 시작됐다.

이후 우리 정부는 베트남에 대한 물품 수출의 한계를 느끼고 그 대안으로 인력수출을 추진했다. 그 결과 많은 민간 노무자들이 외국 업체에 고용되어 일자리를 갖게 되었다. 그들은 주로 하역 작업이나 수송을 맡았고 축항이나 도로 공사, 병원, 학교, 주택, 군 시설 공사에 투입되기도 했다. 당시 파월 노무자들은 거의 제대군인들로 이루어진 젊은 남자들이었다. 그러다 보니 민간 회사에서도 군대식으로 생활하면서 상급자의 명령에 따라 힘든 일도 마다하지 않고 철저히 책임을 완수했다. 그러자 외국 업체에서는 한국인 남성들이 다른 나라 사람들에 비해 더 총명하고 성실하며 능률적이라는 이유로 고용 인원을 늘려나갔다. 덕분에 파월 업체 수는 1969년 기준으로 79개 업체에 달했다.

현재 대한항공의 모체인 한진그룹과 아이스크림을 만드는 빙그레(대일유업), 현대그룹 등도 당시 파월 업체였다. 한진그룹은 한국군과 미군의 군수물자 하역과 수송을 맡았고, 빙그레는 트럭 위에서 미군들을 상대로 아이스크림을 만들어 팔았으며, 현대그룹은 캄란만 준설 공사를 따내서 외화를 벌어들였다. 그들 업체는 민간 업체로서 베트남에 진출해 대기업으로 도약할 수 있는 기반을 마련했다.

그 외에도 베트남전쟁이 끝나던 1975년까지 파월 민간인들은 약 2만 5천여 명에 이르렀다. 그들은 건설과 수송 이외에도 사진

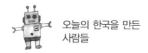

촬영이나 자수, 카메라 수리와 시계 수리, 초상화 그려주기 같은 일들을 했고, 특히 세탁업은 독점하다시피 했다. 한마디로 돈벌이가 될 만한 일에는 몸을 사리지 않고 뛰어들었던 것이다.

한편, 베트남전쟁은 우리나라 남성들의 가치관을 크게 변화시키기도 했다. 당시 파월 근로자들의 대부분은 20대 청년들로 초등학교 및 중학교 졸업자들이었다. 더구나 출신지도 거의 농촌이다 보니 외국 진출은 처음이었고, 한국인과 외국인을 비교했을 때 한국인의 수준이 어느 정도인지 생각해본 경험조차 없었다. 그런 그들이 외국에 가서 열심히 뛰면서 한국인의 우수성을 깨닫게 되고, 열등의식과 피지배 의식에서 벗어나 자신감과 용기로 무장하게 된 것이다. 그리고 그들의 정신력은 급기야 우리나라가 자주 경제를 이룩하는 데 큰 힘으로 작용했다.

작고 여린 손의 경제 여전사, 여성 근로자들

19 60년대를 배경으로 한 영화나 드라마를 보면 작은 소녀가 동생을 업고 있는 모습이 종종 등장한다. 한창 뛰어

놀 나이의 소녀는 등에 업힌 동생 때문에 또래의 아이들이 고무줄놀이를 하거나 사방치기를 할 때도 어울리지 못하고 그저 멀리서 부러운 듯이 지켜보기만 할 뿐이다.

실제로 1960년대에는 그런 소녀들이 많았다. 뿐만 아니라 그녀들은 부모가 일하러 나간 집에서 동생들을 돌보며 빨래와 청소, 부엌살림을 도맡아 하는 경우도 있었다. 동생들 때문에 학업을 포기해서 초등학교만 간신히 졸업한 여성들도 많았고, 어린 나이에 남의 집 식모살이를 하면서 집안 경제에 조금이나마 도움을 주는 여성들도 있었다.

당시 농어촌 출신의 저학력 젊은 여성 중 상당수는 우리나라의 정책이 공업 수출 체제로 전환되면서 사회로 진출했다. 그녀들은 주로 서울의 구로 수출 공업단지, 인천 수출 공업단지, 대구공단, 마산수출자유지역 등에 취업해서 방직 공장과 가발 공장, 신발 공장, 전자 제품 공장 등에서 일했다. 1960년대는 그처럼 여자 단순 기능공의 시대였으며, 어린 여공들이 우리나라를 먹여 살린 주역이었다.

당시 그녀들의 인건비는 시간당 10센트로 대만이나 태국, 필리핀보다 낮아서 국제경쟁력을 갖게 되었고, 국가적 전략을 추진하는 유일한 자원이 되었다. 그녀들은 한 달 꼬박 25일씩 일했고 야간작업도 마다하지 않았다. 1964년, 방직공장 여성 근로자들의 평균 월급은 3,440원이었다. 그리고 1970년대로 접어들면서 10,325원 정도로 인상됐다.

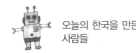
오늘의 한국을 만든
사람들

여성 근로자들은 못 배운 한을 야간 산업체 학교를 통해서 풀기도 했다. 낮에는 일하고 밤에는 공부하면서 중학 과정을 끝낸 여성들 중에는 고등학교 과정으로 진급하여 대학까지 간 사람도 있었다. 당시의 여성 근로자들은 15세~16세 정도의 어린 나이임에도 불구하고 인내심이 강하고 총명했다. 특히 암산에 능하고 손재주가 뛰어났으며, 시력이 좋아서 장시간 미세한 작업이 가능했다. 뿐만 아니라 가족을 위해 희생할 줄 알았고, 국가나 회사에서 설정한 목표량을 달성하기 위해 스스로 노력했다.

여성 근로자들이 변화의 시기를 겪게 된 것은 1970년대로 접어들면서였다. 수출이 증가하고 여기저기 새로운 공장들이 생겨나면서 여성 인력이 부족해진 것이다. 당시 기존의 회사들은 여성 근로자들의 인건비를 올려주면서 이직을 막았고, 새로 생긴 업체들은 웃돈을 얹어주면서 스카우트하기에 바빴다. 그러자 여성 근로자들의 월급은 일본을 제외한 동남아의 어떤 나라들보다 많아졌고, 우리나라 인건비는 더 이상 경쟁력을 갖지 못했다. 여성 근로자들만으로 국가 차원의 경제 발전을 도모할 수 없게 된 것이다.

이후 우리나라는 남성 기능공들에 의해 경제 발전을 도모할 수밖에 없었다. 하지만 그 이전까지의 우리나라는 여성 근로자들 덕분에 수출이 증가했고, 하마터면 파산할 뻔했던 위기에서 벗어날 수 있었다. 그런 의미에서 볼 때 당시의 여성 근로자들은 조국 방위의 애국자들이며, 경제의 여전사들이었다.

암산력

시력

희생

총명함

손재주

근면

1970' 여성 근로자

청운의 꿈을 간직한 어린 산업 역군들, 파견 기능사와 정밀 기능사

우리나라는 1973년부터 1974년까지 제1차 석유파동으로 대혼란을 겪었다. 원유가는 5개월 동안 네 배 가까이 폭등했고, 에너지 국난에 빠진 정부가 찾은 돌파구는 중동 진출이었다. 하지만 막상 중동으로 가려고 보니 걸리는 것이 너무 많았다. 가장 문제가 되는 것은 정보와 인맥이었다. 현대건설과 삼환기업, 한양건설 등 중견 건설 업체들은 거의 무지한 상태에서 외국의 견제를 물리치고 중동 건설 시장을 개척했다.

그러나 그들 업체는 새로운 개척지 중동에서 점점 수주액이 늘고 일감이 증가하면서, 기술 인력 부족이라는 또 하나의 문제에 부딪치게 되었다. 일감은 얼마든지 더 따낼 수 있는데 기술 인력이 부족하다 보니 수주를 맡을 수 없는 상황에 이른 것이다.

정부는 즉시 대책 마련에 나섰다. 남자 기능공을 양성해 중동에 파견하기로 한 것이다. 우리나라가 수출에 의지하던 때에는 여성 근로자가 경제를 지탱했듯이, 중동 파견은 남성 기능공이 맡기로 했다. 당시 우리나라는 선진국보다 훨씬 낮은 인건비를 받으면서도 기술력은 높고, 공사 기간을 단축할 수 있는 기법도 가지고 있었다. 여러 가지 장점상, 기능공 양성만 하면 중동 진출은 매우 성공적일 것이라는 판단이었다.

급기야 중동 파견 기능사 양성 계획에 따라 기능사를 중점적으로 육성할 수 있는 시범 공고를 지정했다. 첫해인 1976년에는 1,500명을 양성하기로 했다. 해외 진출 기능사 중점 양성코스에 선발된 학생에게는 파격적인 특전이 주어졌다. 중동 진출 과정에 선발되면 충분한 실습 이외에 과외로 400시간을 더 실습시켜주고, 2급 기능사 자격증을 취득하게 했다. 그리고 졸업과 동시에 취업을 보장해주고, 취직이 되면 병역 특혜와 함께 중동에 파견해서 300달러가 넘는 급여를 지급하기로 했다. 그리고 급여는 매달 5만 원씩 인상해주기로 했다.

해외 진출 기능사 양성 코스에 선발된 학생들은 3학년 재학생들이었다. 그들은 신체가 건강하고, 두뇌가 명석해서 학업 성적도 우수했다. 게다가 애국심도 강해서 기능을 통해 조국 번영에 이바지하겠다는 청운의 꿈이 있었다. 그러나 얼굴을 보면 여드름이 송골송골 맺힌, 여전히 성장 중인 어린 청춘들이었다.

그런데도 그들의 정신력은 상상 그 이상으로 강했다. 손바닥에 물집이 잡히고, 기름때 묻은 작업복을 벗고 제대로 씻을 겨를도 없이 실습에 매진할 정도였다. 그들에게는 화장실을 가는 시간조차 아까웠다. 학부모들도 그런 자식들을 기쁜 마음으로 응원했다. 그들은 자식들이 조국 근대화의 일익을 담당할 일원으로 성장하고

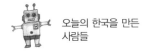

있다는 사실 하나만으로도 몹시 감격스러워했다.

6개월간의 중점 양성 교육 기간 중 학생들과 교사들은 열심히 최선을 다해 기능 연마에 몰두했다. 그리고 1976년 8월에 시행된 국가 기술 자격시험에 전원 합격하여 2급 기능사 자격을 획득했다. 그와 동시에 현장 실습에 들어간 학생들은 자매 결연 회사에 가서 현장에서 일하는 것과 똑같은 조건하에 실습을 했다.

일반적으로 약 2년이 소요되는 현장 경험을 단 2개월에 끝낸 그들은 현장 기능사로서 완벽한 기능을 갖추고 중동에 파견됐다. 그리고 열사의 나라 중동에서 자신과 가족, 모교, 더 나아가서는 조국의 명예를 걸고 열심히 땀 흘려 일했다. 특히 중동 파견 청소년들은 타국에서 조국의 명예가 실추되지 않도록 못마땅하거나 거슬리는 일이 있어도 참고 견뎠고, 어떻게 행동하는 것이 최선의 방법인지 늘 생각했다.

그들은 아무리 힘들어도 고국의 부모형제에게는 그 사실을 알리지 않았다. 오히려 좋은 환경에서 높은 보수를 받고 일하는 모습을 보여주기 위해 일부러 연출된 사진을 찍어서 집으로 보냈다. 식당에서 맛있게 밥 먹는 모습, 바닷가에서 해수욕하는 모습, 침대가 있는 숙소에서 쉬는 모습이 담긴 사진을 보면서 어린 자식을 중동으로 보낸 부모들은 잠시 시름을 잊었다.

당시 정밀 기능사도 조국 근대화의 기수였다. 정부에서는 중동 진출 이외에도 방위 산업 분야에 필요한 정밀 기능사 양성을 위해 시범 공업고등학교를 설립했다. 병기가 초정밀 가공품에 속하다 보니 100분의 1밀리미터의 정밀도를 요구했다. 당시 우리나라에서 가공할 수 있는 한계는 10분의 1밀리미터 정도였다. 그 한계를 극복하기 위한 방안으로 각 도에 한 곳씩 기계공업고등학교를 설립했다.

일본인 교사를 초빙해서 일본식 교육과 실습을 시키고, 정신교육이 특히 중요하다는 생각에 전원 기숙사 생활을 시켰다. 기계공고 학생들은 '조국 근대화의 기수'라는 자부심으로 기술 연마에 나섰고, 그 결과 졸업과 동시에 모두 정밀 기능사 자격을 획득했다. 그리고 졸업 후 방위 산업체에 취업한 그들은 병기를 생산하면서 국가 방위에 이바지했다.

그들의 기술력은 국제 대회에서 더 두각을 나타냈다. 각 분야의 선수들이 국제 기능올림픽에 출전해서 해마다 종합 우승을 차지한 것이다. 과거 혼천의와 자격루, 앙부일구, 측우기 같은 과학기기를 만들어냈던 선조들의 후예답게, 우리도 할 수 있다는 사실을 세계인의 뇌리에 확실히 각인시킨 순간이었다.

그처럼 중동으로 진출한 청소년들과 병기 생산을 위해 중요 기간산업에 종사했던 청소년들은 평균 17~18세의 어린 나이였지만 정신력은 어른 못지않았다. 예로부터 나라가 위급할 때마다 분연히 나섰던 화랑이나, 의병, 학도병처럼 그들은 오직 조국의 발전만 위해서 열심히 매진했다. 1970년대는 바로 그들 덕분에 경제가 회

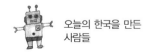

생되고, 국민들도 살아갈 희망을 얻을 수 있었다. 전 국민에게 미래의 꿈을 꿀 수 있게 해준 그들이야말로, 진정한 산업 역군이자 보배였다.

경제성장을 이끈 근대화의 원동력, 새마을 역군들

19 70년대만 해도 전 국민의 70퍼센트가 농촌에 살았다. 그러나 농촌 경제는 좀처럼 개선될 조짐이 없었고, 보릿고개를 넘기기도 힘들었다. 새마을운동 초기에는 초가집을 없애고, 마을 길을 넓히거나 포장하고, 다리를 놓거나 마을 회관을 건립하고, 상수도를 건설했다. 새마을운동은 처음부터 끝까지 새마을 지도자를 중심으로 조직원인 마을 주민 전체의 협동과 단결로 추진되었다.

그러나 새마을운동이 시행된 모든 마을이 다 근대화에 성공하고 잘사는 것은 아니었다. 눈에 띄게 성공을 거둔 마을이 있는 반면, 전혀 달라지지 않은 마을도 있었다. 누가 주도적으로 새마을운동을 이끌어가느냐에 따라 결과는 완전히 천지차이였다.

정부는 새마을사업의 성패가 새마을 지도자의 능력에 따라 좌우된다는 사실에 새마을 지도자 양성에 총력을 쏟았다. 전국의 새마을 지도자를 순번대로 돌아가며 교육시켰고, 공무원들도 일주일씩 새마을 지도자와 숙식을 함께하며 교육을 받았다.

종교계와 학계, 언론계, 기업체 등의 간부급들도 새마을 교육을 받았는데, 특히 기업체 사장들의 반응이 우호적이었다. 그들은 교육을 수료한 후 회사에 직장 새마을운동을 보급했다. 그러자 직장에서도 각 그룹마다 새마을 조직이 구성되고 지도자가 선출되었다. 직장 새마을운동은 자조, 근면, 협동이라는 새마을정신을 바탕으로 직원들 스스로 애사심을 갖고 생산성을 높일 수 있는 방향으로 나아갔다.

1970년, 정부는 '새마을 가꾸기'를 위해 마을당 300포대가 넘는 시멘트를 무상 지급했다. 이때 붙은 조건은 배분된 시멘트를 개별적으로 나누는 것이 아니라, 반드시 새마을 지도자를 중심으로 마을 공동 사업을 위해 써야 한다는 것이었다. 따라서 정부에서 지급된 시멘트는 마을 진입로 확장이나 작은 교량 건설, 농가 지붕 개조, 우물 시설 개조, 공동 목욕탕 건설, 작은 하천의 둑 개조, 공동 빨래터 만들기 등에 쓰였다.

시멘트로 인한 사업이 어느 정도 성과를 거두면서 곧이어 정부에서 2차 지원이 나왔다. 당시 새마을 사업의 특징은 투자한 마을에서 성과가 나오면 더 많은 후속 지원이 나온다는 사실이었다. 그

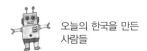

래서 후속 지원을 받기 위한 마을에서는 주민들이 대동단결하여 획기적으로 공동 사업을 이루어내기도 했다.

새마을운동은 날이 갈수록 진척을 보이면서 도로 확장과 상하수도 시설 확충, 전기 선로 공사까지 마쳤다. 그리고 농가 소득을 높이기 위해 채소와 과수, 특용작물 재배로 방향을 전환했다. 그러자 1970년부터 1976년까지 도시 가구 소득은 연평균 4.6퍼센트 증가한 반면, 농가 소득은 9.5퍼센트가 증가했다. 농가 소득이 도시 근로자의 소득 수준으로 향상된 것이다.

새마을운동은 가난에 지쳐 있던 우리에게 '잘살 수 있다', '하면 된다'는 자신감을 심어주었다. 새마을운동이 우리나라 경제성장의 원동력이 되었다는 사실이 알려지면서 전 세계에서는 새마을운동을 벤치마킹하기 위해 우리나라를 찾아오고 있다. 그리고 새마을운동은 러시아, 베트남, 필리핀, 중국, 몽골, 스리랑카, 캄보디아, 네팔, 콩고민주공화국 등 경제개발을 꿈꾸는 많은 나라에 전파되어 한국의 위상을 높이고 있다.

새마을운동 붐이 일던 당시, 국민 모두는 허리띠를 질끈 동여매고 한마음 한뜻으로 열심히 일했다. 가난에서 벗어나기 위해 이를 악물고 노력했던 것이다. 아마도 그때의 노력과 땀이 없었다면 오늘의 대한민국은 없었을 것이다. 당시 우리 국민 모두는 새마을 역군인 동시에 애국자였다.

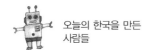

|

우리의 미래를 바꿀
미래의 공학도들에게

우리나라 최초로 라디오가 등장했을 때 사람들의 반응은 여러 가지였다. 놀랍고 신기함을 넘어, 작은 상자 안에 《걸리버 여행기》의 소인국이 있을 거라고 생각하는 사람들도 있었다. 그처럼 현대문명이 태동하던 시기의 사람들은 '낫 놓고 ㄱ자' 모르는 것만큼이나 과학 문맹자들이었던 것이다.

당시 호기심이 강한 소년들은 눈으로 확인하기 위해 부모 몰래 라디오를 분해하기도 했다. 그러나 정작 라디오에서 나온 것은 작은 사람들이 아니라, 고물 장수도 받지 않는 부품들이었다. 그런데도 소년들은 라디오만 보이면 분해하기 위해 드라이버를 찾아들었다. 도대체 무슨 원리로 작은 상자에서 사람 소리가 나고 음악 소리가 들리는지 궁금증을 해결하고 싶었던 것이다.

오늘날 인류가 눈부신 과학 발전을 이루게 된 것은 순진히 '호기심' 덕분이다. 인류의 기원에 대한 호기심, 의식주와 관계된 모든 것들의 근원에 대한 호기심, 해와 달을 비롯한 천체에 관한 호기심 덕분에 과학이 발전해온 것이다. 실제로 전기를 발견한 에디슨, 페니실린을 개발한 알렉산더 플레밍, 컴퓨터의 황제 빌 게이츠도 호기심 덕분에 성공한 사람들이다. 그처럼 앞으로는 '호기심이라는 이름으로 자기 안에 잠들어 있는 거인'을 깨운 사람이 미래 공학을 이끌어갈 것이다.

공학은 세계적으로 똑같은 기준이 적용되는 학문이다. 문학이나 철학, 의학 같은 대부분의 학문들이 해외 무대에서 다시 한 번 검증 절차를 밟는 것과 달리, 공학은 그 자체가 국제 표준이다. 아울러 공학 전공자는 어느 곳에서든지 동일한 실력을 인정받을 수 있다. 뿐만 아니라 공학을 전공하게 되면 다른 학문보다 세계 수준에 더 빨리 도달할 수 있고, 그에 따른 성취감은 물론 삶의 질도 크게 향상될 수 있다.

앞서 밝혔듯이 우리나라가 빈곤의 악순환에서 벗어나 지금처럼 발전한 것은 전적으로 공학의 힘이었다. 과거 비료와 비닐을 생산해 농가 소득을 올리는 데 공을 세웠던 화학공학은 바이오산업과 환경 산업으로 연결되어 미래 인류의 삶에 직접적으로 영향을 미치고 있다. 아울러 외국에서 수입한 부품을 조립하던 단순한 형태의 기계공학은 자동차 산업과 조선 산업, 항공공학으로 발전하면서 미래형 자동차 개발 및 해상플랜트, 드론 기술로 확대되었다.

전기전자공학도 마찬가지다. 진공관 라디오를 만들어내던 수준

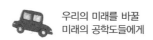

에서 광속으로 발전한 우리나라는 최첨단 컴퓨터와 스마트폰을 만들어내고 있으며, 메모리 반도체 분야 세계 1위를 기록하고 있다. 경부고속도로를 건설한 건설공학은 해외 무대를 누비며 세계 최대, 세계 최고, 세계 최장이라는 수식어를 만들어내며 건물과 교량, 터널 등을 건설하기에 이르렀다. 그리고 금속공학과 세라믹공학, 고분자공학은 생체 재료를 만드는 영역으로 확대되면서 인류가 생명연장의 꿈을 이룰 수 있는 수단이 되고 있다.

과학기술은 경제사회 발전을 선도하는 매우 중요한 역할을 한다. 선진국 중에서 과학기술이 발달되지 않은 나라는 없으며, 선진 기술을 보유한 국가치고 후진국에 머물러 있는 나라도 없다. 모든 선진국은 과학기술을 발판으로 번영을 이루고, 동시에 과학 강국으로 성장한 것이다.

지금 우리나라는 3포 세대, 5포 세대, 7포 세대라는 신조어들을 만들어낼 만큼 청년 실업이 심각하다. 연애, 결혼, 출산을 포기한 데 이어 취업과 내 집 마련을 포기하더니, 급기야 인간관계와 희망까지 포기한다는 것이다. 현 정부에서는 국가적 과제로 부상한 청년 실업 문제 해결을 위해 5대 국정 목표 중 첫 번째를 '일자리 중심의 창조경제'로 정했다. 정부가 나서서 성장 동력을 마련하고 일자리를 창출해내겠다는 것이다.

그러나 그 전에 이공계 대학을 육성해서 우수한 연구 인력을 양성하는 과제가 선행되어야 한다. 지금 현재, 그동안 기피 대상이었던 이공계 학생들의 취업률은 매우 희망적이다. 과학기술은 급속히 발전해, IT 분야 및 이공계 관련 기술 전반에 걸쳐 괄목할 만한 성장을 이루었다. 그로 인해 기술 인력은 필요하지만 이공계 전공자들의 수는 터무니없이 부족하다. 따라서 자질과 소양, 능력을 갖춘 이공계 전공자들의 진출이 시급한 것이다.

아울러 선진 한국을 이끌어갈 미래의 공학도들은 과학기술의 중요성에 대해 사명감을 가지고 사회에 봉사하는 각오를 다져야 한다. 더는 공학 분야가 한 국가와 개인적 성공만을 위해 존재하지 않는 만큼, 인류 전체와 지구촌으로까지 범위를 확대해야 한다. 그리고 열린 사고와 공학자로서의 양심을 바탕으로 인류의 공익을 위한 연구를 게을리하지 말아야 한다. 더불어 원고를 미리 살펴보고 소중한 의견을 준 심준헌, 오세정, 이진규, 정진영 학생에게 고마운 마음을 전한다.

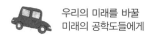

우리의 미래를 바꿀
미래의 공학도들에게

참고서적

───

《박정희는 어떻게 경제 강국을 만들었나》 오원철, 동서문화사
《다시 쓰는 경제 교과서》 손해용, 중앙북스
《대한민국 경제사》 석혜원, 미래의 창
《공학에 빠지면 세상을 얻는다》 서울대학교, 동아사이언스

그린이 송진욱

대학에서 화학과 신문방송학을 공부하고, 꾸준히 그림을 그려 왔습니다. 지금은 만화가이자
일러스트레이터로 활동하고 있습니다. 그동안 《어린이 사회 형사대 CSI》《그래서 이런 경제
가 생겼대요》《그래서 이런 직업이 생겼대요》《돼지 오월이》《별을 쏘는 사람들》《웃음 공장》
등의 책에 그림을 그렸습니다.

대한민국 경제를 일궈낸 기술의 저력을 만나다
청소년을 위한 공학이야기

제1판 1쇄 발행 | 2015년 12월 21일
제1판 8쇄 발행 | 2023년 8월 31일

지은이 | 오원철 · 김형주
그린이 | 송진욱
펴낸이 | 김수언
펴낸곳 | 한국경제신문 한경BP
책임편집 | 마현숙
저작권 | 백상아
홍보 | 서은실 · 이여진 · 박도현
마케팅 | 김규형 · 정우연
디자인 | 권석중
본문디자인 | 디자인 현

주소 | 서울특별시 중구 청파로 463
기획출판팀 | 02-3604-590, 584
영업마케팅팀 | 02-3604-595, 583   FAX | 02-3604-599
H | http://bp.hankyung.com   E | bp@hankyung.com
F | www.facebook.com/hankyungbp
등록 | 제 2-315(1967. 5. 15)

ISBN 978-89-475-4063-6   43500